# イヌ 人類最初のパートナー

Our Oldest Companions

The Story of the First Dogs

Pat Shipman

Translated by Kawai Nobukazu

ハイイロオオカミからディンゴまで

パット・シップマン 河合信和 訳

青土社

# イヌ　人類最初のパートナー

目次

# イヌ　人類最初のパートナー

ハイイロオオカミからディンゴまで

# まえがき

私たち人は、物語を好む。始まり、中盤、そして結末に満足する。そのストーリーに、なるほどと思う。人間の脳は、情報の重要な断片から物語を紡ぎ出す配線ではないか、と思う。

私たちがどのようにして今あるようになったか、過去を振り返って見ようとする時、過去のストーリーを口にするのが普通だ。その場合、大昔のことではなく、それがまるで今日始まったかのように話す。例えばナイル川に興味を持っているとすれば、ナイル川が海に流れ込む所から上流に遡って追跡し、源流を探そうとするだろう。その場合、本流を追いかけていく。本流から分かれたり、どこかで本流と合流したりして水流を増す多くの支流など無視するか、注目もしない。流れ全体をほとんど考えることもせず、ひたすら源流だけを探すのだ。そして本流から外れた小さな流れが見えても、ほぼ軽視する。

こうした傾向は、出来事の本当の意味をしばしば歪めるものだ。過去を振り返る時、私たちは起こらなかった、あるいは起こったけれども今日まで続く変化を引き起こすのにうまく機能しなかった数多くの代わりの可能性には気がつかない。人間の歴史上には、偶然の出来事の長い連なりがあるが、過去を振り返る時、それは大幅に切り捨てられる。失敗、死、ランダムに起こった事の影響は、ほとんど全部が後景に退いて消えている。今ある状態に達したことは、予め定められ、前もってシナリオが書かれ、「予定されていた」ことのように思われ始める。進化、そして進化が人間の暮らしにもたらした揺れ動く変化について話していれば、何一つ真実から離れていくことはないだろう。

本書で私は、人類史における最大の発見の一つである物語を、適切な形で語ろうとも思う。私の語る話は、人類が文字の発展無しにどのようにその発見を展開したのか、自分たちの身体的特徴を変化させずにうまくそれに合わせることをどのように学んでいったのかのやり方についてだ。語りたいのは、他の動物を人が手を貸して変化させることをせず、その動物の優れた能力を取り込めるように協力していったやり方の話だ。これが、最初のイヌと人との物語である。

他の生物種と人との共生関係は、しばしば「栽培家畜化（domestication）」と呼ばれる。実は私はその言葉が好きではない。第一に、その言葉は、植物と動物の双方に適用するにはあまりにも広すぎる意味で使われているからだ。栽培家畜化の試みの背後には、それぞれ幅広い、異なった知識があったはずなのだ。第二に、人間が動物の再生産、つまり繁殖をしっかりと管理してきた種にだけその言葉を適用するには、あまりにも狭義に使われてもいるからだ。両方とも、不正確だ。

栽培家畜化は人類に利益をもたらしたが、この努力において、人間の共生者であった他の種にとっては必ずしもそうではなかったという幅広く認められる仮定もある。そしてその思い込みは、間違っている。ほんの数種の動物だけが家畜化された。しかし他の多くの動物は、家畜化されることはなかった。一部の動物は家畜化の対象にされたが、（意識的にしろ、そうでないにしろ）簡単にはいかなかった動物も少なくない。

ウマとロバは家畜化されたのだから、ならばシマウマが家畜化できるかを考えてみてほしい。できるだろうか。否、である。一八〇〇年代末から一九〇〇年代初めてにかけて、アフリカの植民地入植者に撮られた写真を見てほしい。それらの写真には、牽き皮で馬車につながれたシマウマ、鞍を着けられたシマウマさえ写っている。ところがその写真のキャプションを綿密に読むと、これらのシマウマは家畜化されていないのは確かだと分かるはずだ。シマウマは、いつも馬車を蹴って壊したり、鞍を着けられてもおとなしく乗る者に協力しようとはしなかったのだ。シマウマにハミ（馬銜）を噛ませ、乗りこなすのは困難だった。動物園の飼育員の中にはシマウマは動物園でも一番危険で、最も攻撃的な動物だと言う者さえいる。つまりシマウマは、人間の支配に服するのが嫌なのだ。(1)

事実は、こうだ。家畜化された動物は、協調的で、人間と協力することを「選び」、人間と親密な関係になる新しい暮らし方に合うように積極的に関与したのだ。種によっては、その家畜動物の適応的なニッチ（生態的地位）は、人間のニッチ、人為改変された（ヒトが創り出した）環境と一体化している。その家畜の環境とかニッチが私たち自身のものとかなり重なり合う場合の家畜こそ、私たちが家畜化されたとみなす動物なのである。これらの動物たちのそのような進化が、人間と共生し、人間との絆を形成することになった。世界中を見回してすべての家畜化された動物の中でも、イヌが最も徹底的に家畜化された動物であるのは間違いない。イヌこそ、最初に家畜化された動物であるのは確かなのだ。(2)

一部の人たちは、古代人が動物の幼体を捕まえ、人に慣れさせて育て、番《つが》い相手を選んで交配させ、生まれた仔を育て（良質で人に慣れやすい仔を育て、そうでない仔を殺すか捨てるかなどして）、やがてとう とう、あれ、なんとびっくり、オオカミがイヌになり、荒々しい原牛（オーロックス）がウシになり、敏捷なイワヤギが家畜のヤギになった、と想像した。その一方で、人間の食べ残した食物を時々見つけたことから、動物はなんとなくひとりでに家畜になった、と考えた人もいた。だがこうした見方は、おとぎ話である。本当の物語——実際の物語は、もっとはるかに複雑なのだ。

私が本書を執筆するに当たって自分自身に科した任務は、私たちが話の全体でしばしば誤解してきた理由を解き明かすことだ。本書では、私たち人類が新しい、それまでとは違ったやり方で、地球上の他の動物とどのように一体化されるようになったかを述べる。多くの出来事のそうした一体化——相互に絡み合い、驚きに満ち、時には度肝を抜くような一体化——は、人間の生活を一変させた。その一体化は、人間に進化の結果の近道への手段と、人間自身が持つよりもはるかに幅広い能力をもたらしたのだ。

それでもなお、この物語にはまだ解明されておらず、曖昧なままのところがたくさんある。何が起こったのか、とりわけなぜ起こったのか正しく吟味できるだけの証拠がまだ見つかっていないところがたくさんある。だが、新しい糸口と話題があり、そして私の語る話には以前よりもずっと真実に近づけることになると思うし、そう期待する影響力がある。

最後に一言。本書の一部の章で、ディンゴ、大オーストラリア大陸、オーストラリア先住民に関することを述べる。人類の遠い過去からの人々の行動を探求し、再現しようとする私の試みの中で、大オーストラリア大陸の優れた先住民と彼らの伝統を正確に物語ることに、私は最善を尽くしたのである。

# 第一章　イヌ以前

　数千年来、人のいつもそばにいた最高の友は、イヌであった。イヌの歴史について語ることは、どこにでもいて、かなり気まぐれで、そして人に愛されることの多いこの動物がいかにして、現在のようになり、私たちヒトと共に文字どおり私たちの一部のように生きるようになったかを物語ることである。私たち人間は、この最高の友をイヌと呼んでおり、多くの意味でそう呼ぶにふさわしい。私たちは、まるで自分の子のようにイヌに食べ物、玩具、服、寝床、その他もろもろを買い与える。自宅の中に、小屋、特別の隠れ場、住まいを作ってやる。人間が別の動物を家畜化し、その動物と協力して活動する方法を学んだのは、未来のイヌと協定を結ぶ過程であった。だがその過程に、実は意図的なものは何も無かった。誰一人として、「イヌ」を作り出すことを目指したわけではなかった。私たちが良く知っているイヌ、事実上、世界中のどこにでもいて人間と共に暮らし、人の寝床を暖め、子どもたちと一緒に遊び、ヒツジがよそに迷い出ないように見張り、人間の住まいの番をし、獲物の居場所を突き止めて仕留めるこの動物は、意識的に探し求められたのでも、創り上げられたのでもなかったのだ。もしそうだったとしたら、誰も本気で原始時代のオオカミからイヌ化を始めようとはしなかっただろう。

　ブロンウェン・ディッキーがピット・ブル（犬種の名前）について書いた著作ではっきりと述べているように、現在のイヌはたいていは人間の代理である。事実、彼女が言うようにピット・ブルでよくあることだが、人が特定の犬種に激しい恐怖を表し、嫌悪を示す時、ほとんどの場合、実際には自分が飼っているイヌを信じる人間のタイプについて話しているのだ。人に対してあからさまに嫌いと言うよりもイヌに対してそう言う方が、はるかに受け入れられやすい。したがってイヌについて、そしてイヌの起源と進化について語る場合、私たちは人についても話している。イヌと民族が事実上、相互代替可能な文化だってある。これこそ、イヌ的な動物が実際に家畜化されたことを示す明白な証であろう[1]。

考古学者と古生物学者は、この原理も活用する。人間ではなくイヌを研究するほうが、ヒトの移動と定着を明らかにすることがずっと容易であることがしばしばある。ニュージーランド、オタゴ大学のエリザベス・マティスー＝スミスは、遺伝子の研究でのこのいわゆる片利共生関係を利用する手法の先駆者だった。（片利共生とは、共に暮らす二種の生物の関係の形態を表す生態学の用語である。一方の生物は、他方の生物のいることから利益を受けているが、他方はこの関係でさほど明確な利益を得ていないのだ。）マティスー＝スミスは、人類が他の動物と共に旅し、彼らを運んだ例を観察した。特に太平洋の島々と大陸の間での旅に注目した。そこでは多くの旅が舟でなされた。ポリネシアの島々で広く見られるブタ、ニワトリ、ネズミ、そしてイヌは、島から隣の島には自分の力では決して動けなかった。彼女は、人と暮らし、人と共に動いた動物の遺伝子を観察すれば、人類の移住経路に関して重要な情報が得られることを理解した。このように片利共生研究は、現生や過去の人類の遺伝的研究を確かめ、その代わりになることさえできる[2]。

ほとんどの場合、他の動物との片利共生関係を確立することが家畜化の始まりであったようだ。しかし双利共生――人間と家畜の両方に利益があり、両者がいくつかの価値を共有する関係――こそ、家畜化の基礎の良い特徴だとも言っていいのではないか。双利共生は、どんな場合であろうともイヌと人との関係に当てはまるのはほぼ確かだろう。

最初のイヌが出現した時点で、人間とそうした協力関係に入った動物は全く存在していなかったこと、そして私は確かだと思っているが、当時の人は誰一人としてそんな状態を想像すらしなかったことを記憶しておくのは重要である。オオカミが焚き火の前に設えられた寝床でまどろんでいることは、誰一人想像できなかった。だが、それは起こったのだ。起こりそうもないことが、私たちが認識するよりもはるかに多く、実際には起こっている。イヌと共に暮らす道は、それまで見たこともなかったし、奇妙であったに違いない。

現在、アメリカだけでも七三〇〇万頭ものイヌが飼い主と暮らしている。世界に目を広げれば、推定で九億頭ものイヌがいる。イヌは、飼い主の家庭や野良で、南極大陸を除くすべての大陸に住んでいる。南極大陸では、一九九四年に最後のイヌが意図的に除去された。欧米では、多くのイヌが家族の一員と考えられている。それ以外のイヌたちは、家族の一員というよりは仕事仲間として、特殊な仕事のために繁殖され、訓練された労働犬である。また両方の性格を併せ持つイヌもいる。文化によっては、食品とされるイヌもいる。このことは今も正しいし、過去にもあった。

しかし形態、大きさ、毛の色、行動などで驚くほどの多様性を持つに至った動物という驚異的な結末を重視すべきではない。では、まだイヌと言えるものが存在しなかった大昔に何が起こったのか、問うてみよう。

始めにいたのは、ハイイロオオカミ（タイリクオオカミ *Canis lupus*）だ。イヌ科（オオカミ、イヌ、ディンゴ、キツネ、ジャッカル、その他の類似種を含めた動物学的な分類名）の遺伝学と進化を研究している最も思慮深く、聡明な科学者の一人と言えば、カリフォルニア大ロサンゼルス校のロバート（ボブ）・K・ウェインである。彼が大学院でイヌ科の遺伝学の研究を始めた頃から、私は彼を知っていた。イヌ科について何十年かの研鑽を積んだ後、彼は「イヌはハイイロオオカミである。たとえその大きさ、プロポーションが多様であっても」ということに気がついた。それにもかかわらず、もちろん私たちはみんな、イヌがハイイロオオカミでないことを知っている。そこに、パラドックスがある。家畜のイヌ（家犬）とハイイロオオカミとの間の遺伝的な違いは、わずかだ。ボブと彼の共同研究者によると、「両者は、ミトコンドリアDNAにしてたかだか〇・二％の違いしかない」[3]。（ミトコンドリアDNAは、ほとんどの生物が持つDNA二種のうちの一つだ。ミトコンドリアDNAは、母系からのみ受け継がれ、ミトコンドリアと呼ばれる細胞内小器官に収められている。他のもう一つが核DNAで、両方の親から遺伝子を混ぜ込んでいて、核の中にある。）ところが両者の行動面の違いは大きい。イヌは人間に最も忠実で、数が多い、世界的に見られる友だ。だがオオカミは、肉食獣の中でも一番怖がられ、嫌われる動物であり、しばしば人間によって殺される、標的の動物の一つでもある。

進化によって第一号のイヌが誕生したかもしれない可能性のある場所は、五カ所ある。アフリカ、ヨーロッパ、アジア、オーストラリア、アメリカ大陸、である。だがオーストラリアは、その見込みを大きく切り下げてもよい所だろう。この大陸には、今はディンゴ（議論の余地のある唯一のイヌ）がいるが、イヌへと進化した可能性のあるイヌ科動物の歴史が、古代史上でも化石の上でも存在しないからだ。アフリカには、最近になって認知されたアフリカンゴールデンウルフ――長くジャッカルと誤認されていた――と、まぎらわしいが実はジャッカルであるエチオピアオオカミ（アビシニアジャッカル）がいる。北アフリカにはハイイロオオカミの小さな、孤立した個体群と考えられる集団もいるが、ハイイロオオカミはこの大陸ではどこにでもいる種ではなかったかもしれない。だがアフリカは、現生人類が最初に進化した大陸でもあり、いかなる動物であれ家畜化には人類の存在が不可欠である。

アメリカ大陸は、イヌが進化した、すなわちハイイロオオカミからイヌが家畜化された、旧大陸とは独立した場所だったかもしれない。この可能性は少なくとも理論的にはあり得る話だが、そうだとすればイヌはアメリカ大陸からユーラシア大陸へ人間と旅しながら戻っていったことになる。アメリカ大陸から旧世界へ人類が大量に戻っていった可能性は、遺伝的にありそうにないと見られているし、また確かな証拠で支持されてもいない。以上のことから、最初のイヌの誕生地の有力候補地としてヨーロッパとアジアが残る。(4)

長い間、最初のイヌはヨーロッパに現れたと考えられてきた。この推定がなされた第一の主な理由は、次のようなものだ。この推定のなされた時代、ヨーロッパの学者たちは家畜化という技術革新の起こった場所として、アジア、アフリカ、オーストラリアを軽視していたし、全くまともに考えてもいなかった。第二に、草創期の古生物学者はヨーロッパ人だったから、どうしてもその証拠をヨーロッパで探そうとした。しかしこの数十年で地球全体から情報が集められ、より厳密に証拠が吟味されるようになると、ヨーロッパ起源かアジア起源のいずれか、あるいはその両方という見方の支持が大きくなってきた。

では過去にオオカミと現生人類は、いつ、どこで、出会ったのか？　それこそがまさに欠くべからざる要素であり、おそらく家犬が誕生したかもしれない時と場所である。

ハイイロオオカミは、八〇万年前頃、ユーラシアで進化した。私たち現生人類の古いいとこであるネアンデルタール人は四〇万年前頃にヨーロッパで進化したから、それよりかなり古い。ヨーロッパのオオカミもネアンデルタール人も、いずれも捕食者の側にいた。すなわち生態学者が呼ぶように、同じ生態的役割を果たしたメンバー、すなわち「ギルド」であった。これが暗示するのは、両者を取り巻く景観とライフスタイルの一定の類似性、習性の共通性、資質の類似ということだ。ネアンデルタール人とヨーロッパのオオカミは同じ動物を獲物としていたし、両者は眠るためにしばしば同じ洞窟を使い、同じ洞窟で子どもを育て、暖を取っていたのだ。

早期現生人類がヨーロッパに姿を現す前、この地域には様々な種類の捕食者が棲んでいた。巨大なホラアナライオン、強力なホラアナハイエナ、大型のヒョウ、ホラアナグマ、大型のオオカミ、がっしりした体格をしていて現生のドール（アカオオカミ）――アジアに棲む頑丈な体のイヌ科動物――に最も良く似たイヌのような動物の群れなどだ。そしてもちろんここには、ネアンデルタール人も暮らしていた。彼らはヨーロッパで進化し、約四〇万年間、ここの生態系の一部を構成していた。彼らのように、そして私たち現代人の祖先のように、これら恐ろしい捕食者たちはすべて、中型と大型の草食獣の狩りに集中していた。それが意味するのは、生きた動物であれ、死肉であれ、獲物を獲得するのには厳しい競争があったということだ。獲物を仕留めた捕食者を追い払いさえできれば、死肉をかっさらうのは肉を得る最良の方法である。獲物を得られなければ、食うための肉を口にできないし、やがて餓死することになる。しかし、食物よりも大切なことがある。休息し、水を飲み、眠り、仔を育て、冬ごもりし、悪天候をしのぐ場所を見つけることも、だ。

ネアンデルタール人とヨーロッパの他の肉食獣との間の競争は、どの程度、彼らの行動に影響しただろうか。明らかに、大きかっただろう。ネアンデルタール人、ホラアナグマ、ホラアナハイエナ、ホラアナライオン、ヒョウ、オオカミによる洞窟の利用状況を調べたフランスの人類古生物学研究所の古生物学者カミーユ・ドゥジャールらによる最近の詳細な研究によると、ヨーロッパ氷河時代の肉食獣たちは、上記の資源をうまく分け合い、競争を緩和させるための興味深い方法をとっていたことが推定されている。[5]彼女ら研究チームは、一〇万八〇〇〇年前頃から三万年前頃の、フランス、マッシフサントラル山地の洞窟とそこから約一〇〇〇キロ離れたベルギー、ムーズ盆地の洞窟利用状況を比較した。このタイムスパンには、五万年前頃から四万年前頃という年代が含まれる。それは、現生人類がアフリカから出た後、ヨーロッパに初めて到着した頃だ。洞窟は、旧人すなわちネアンデルタール人を含む、幾種類もの肉食獣が利用する極めて貴重な資源の一つだったのは明らかだ。

ドゥジャールと彼女の共同研究者たちは、洞窟の形状、化石化した獣骨、人類によって加工された石器、例えば肉食獣による噛み跡、切り傷、焼けた跡といったその来歴が証明される古い骨の損傷や質感を観察した。研究チームのメンバーが完了した統計分析によると、洞窟の形状は、各種肉食獣が使用するうえでの重要な決定因子であることが分かった。

肉食獣は、小さな奥室を持つ洞窟の最上位の占有者だった。奥室が深ければ、そこをねぐらにし、仔を育てるホラアナハイエナにとっては理想的であり、冬眠するホラアナグマには絶好の場所であった。彼らはそこに、激しく噛み割った獲物の骨、そして時には仔の骨の集積を残した。彼らに比べるとネアンデルタール人の少人数のグループが残したものは獲物のきれいな骨と石器にすぎず、またこのタイプの洞窟の使用頻度はずっと少なかった。研究チームは、ネアンデルタール人に使われたこれらの洞窟は長期の住まいとして用いられたのではなく、季節利用の狩りのキャンプ地だったと推定する。

オオカミは、ホラアナグマや大型ネコ科動物と異なり、天井の高い、急勾配の入り口のある洞窟を好んだ。洞窟内に残された化石から、オオカミとホラアナグマは、冬眠・冬ごもりの場、居住場所、避難所としてしばしばこの形の洞窟を利用したことがうかがえた。時には小型の草食獣が悪天候時に洞窟の中に避難をするという危険な選択をして、肉食獣の巣穴に入り込んで文字どおり死の危険性を高めた。ネアンデルタール人は、こうした形の洞窟は一般には使わなかった。ただし限られた人数のグループが、一時野営地として洞窟を使ったことはあった。

大きな開口部を持った洞窟や天然の雨よけ庇のある岩陰は、大人数のネアンデルタール人には好んで選ばれ、こうした所で長期に滞在した。こうした洞窟などでは、肉食獣の骨は比較的少なく、また肉食獣が獲物の骨に残した噛み跡のような跡も少ない。ネアンデルタール人がそうした場所から肉食獣を排除していたのか、単に肉食獣がこれ以外の形状の洞窟を好んだだけだったのだろう。

ドゥジャールらによるこの洞察力に富んだ分析から、特定の肉食獣が特定の形の洞窟を選り好みしたということが統計的に証明された。この研究から、様々な肉食動物が他の肉食獣の存在と需要にどのように折り合いを付けていたのか、肉食獣は競争はしていたけれども洞窟という居住資源の利用での競合をいかに小さくしていたかをうかがうことができた。ネアンデルタール人は、かなり小人数グループで生活していた。彼らは野外を移動し、既知のその土地の資源（獲物、石器原材、水、洞窟）の利用に集中した。ネアンデルタール人はヨーロッパで、別の古代型人類から進化しており、長い時間をかけて居住地、その地の地勢、地元の生態系に適応した。その進化の間、別の肉食獣が好む居住場所をいかにして避けるか、自分自身のための狩りをしている間、どのようにして別の肉食獣の餌食にならないようにするかの答えを探した。化石と考古証拠から見て、おそらくネアンデルタール人の人口はさほど多くはなく、遺伝的多様性も異常に低かったようである。つまり、彼らは近親婚をしていたのだ。それでも彼らは、まあまあ成功していたと言えるだろう。ネアンデルタール人の暮らす地域に居た多くの肉食獣を尻目に、どうにか生き延びていたからだ。しかし誰も、ネアンデルタール人と一緒に居た原初的なイヌの痕跡をまだ見つけていない。思うに彼らは、別の動物を飼育するということを思い付かなかったのだろう。どのようにして、別の動物の飼育などができたというのか？　飼育など、それまで彼らは全くしたこともなかったのだ。彼らは、むしろ強く習慣づけられていたので、オオカミを避けようとしていただろう。いずれにしろ現在までに分かっている限りでは、ネアンデルタール人は他の動物を家畜にしなかったし、馴致したこともなかった。

　ユーラシアには、遊動していた別の古代型人類のわずかな痕跡的集団がいたかもしれない。すなわち、骨の破片とＤＮＡが発見された、シベリアのデニーソヴァ洞窟にちなんで名付けられた謎の人類、デニーソヴァ人の小集団がそれだ。研究者たちは、ごくわずかなデニーソヴァ人の骨しかまだ手にしていないので、彼らの外貌がどのようなものであったかも、彼らの地理的な分布域も分かっていない。分かっているのは、デニーソヴァ人が遺伝的にネアンデルタール人とも現生人類とも異なっているということだ。遺伝的な違いだけが、デニーソヴァ人を識別できる唯一の方法だからだ。分かっていないことは、二つの人類がお互いに別の種と遺伝的にどう違っているかである。

この複雑な生態系の中でオオカミはすでに存在していたので、家畜化がなされる前に必要だったものこそ、現生人類の存在であった。（この表現は少しばかり、誰かまたは何かがイヌを創り出そうとしていたと私が考えているかのように思われるかもしれない。不正確である。）早期現生人類が五万年前頃に姿を現した時、ヨーロッパの生態系は激変し始めていた。もう一種の最上位の肉食獣――現生人類――が、ヨーロッパのギルドに加わったのだ。もう一種の肉食獣は、資源をめぐる厳しい競争を、さらに激しくした。ギルドのどの動物もこの変化の反響を感じ取り、おそらくはこの地域の獲物になるどの草食獣も同様だっただろう。資源をめぐる以前の細かい区分と捕食者間の競争のバランスは、今や覆った。早期現生人類の出現で、獲物、水、洞窟、それ以外の寝場所をめぐって存在していた競争状態は激しさを増した。ネアンデルタール人の場合、新しい競合関係は、石器製作に使われる石材で起こった。生態系全体に鳴り響いたこの種の変化を、生態学者は「栄養（食物）カスケード」と呼ぶ。オオカミは、その結果、個体数が深刻に落ち込み、すなわち瓶首効果が起こった。この効果は、気候がこの時期に、乾燥から湿潤に、冷涼から温暖にと揺れ動き、かなり不安定になったので、よりいっそうはっきりしたものになったと思われる。そのためオオカミたちは、避難地を探し回った。

早期現生人類は、ネアンデルタール人の祖先がヨーロッパに移動していった時、アフリカに残った古代型人類を母体にアフリカで進化した。このアフリカ生まれの新しい人類集団は、引き続いて進化し、新しいテクノロジーを発達させ、生態系とその土地に棲む他の動物たちについての知識を充実させた。二〇万年前頃までに私たちの祖先は、完全に解剖学的現代人になった。徐々に解剖学的現代人は分布と地理的生息域を拡大させていき、新しい土地を自分たちの領域にしていった。ただこれは、明確な意思に基づいた移住ではなかった。私たちの祖先は、アフリカから外の世界に迷い出たのだ。何が大陸であり、自分たちがどこからどこに行くのかという最低限の知識も持たずに。おそらく獲物の動物の後に従い、アフリカでの人口圧を避けるためだったのだろう。

五万年前頃に最初の早期現生人類が中部ヨーロッパに到達した時、彼らは資源と競争者が多い捕食者ギルドの新しい組み合わせに遭遇した。彼らの生存は、そうした資源のありかの探索能力とヨーロッパの捕食者ギルドと競争できる能力いかんにかかっていた。アフリカで得ていた地域景観や動物たちについての特別な知識は、もはや全く役に立たなかった。しかしアフリカの捕食者ギルドとヨーロッパのそれとは、ある程度は似ていた。例えばヨーロッパのホラアナライオンは、アフリカのライオンと、そう大きく違っていたわけではない。ただ前者は、アフリカよりも冷涼な気候に適応しなければならなかったが。

新しい生態系の必要不可欠な情報を獲得していく過程は、今では一般に中東と呼ばれている地域のレヴァント地方で始まっていただろう。レヴァントは、ヨーロッパへ向かう早期現生人類の拡散途中の土地である。ここは、おそらく私たちの祖先が初めてネアンデルタール人と遭遇した所でもあった。

それは、思いがけない出会いであったに違いない。早期現生人類は、アフリカから拡大していた途中だった。そのアフリカで彼らが見たヒトのすべては、黒い肌、黒い目、黒い髪を持っていた可能性が高い。早期現生人類は、高身長でひょろっとした人類であったことも分かっている。そうした身体構造は、体温を放散させるのに役立つからだ。だがネアンデルタール人は、彼らとは別にヨーロッパで進化していた。少なくとも彼らの一部は、明色の肌をし、顔はそばかすだらけで、青い目と赤い髪をしていたはずだ。アフリカ出身の早期現生人類と比べれば、ネアンデルタール人はずんぐりしていて、はるかに筋肉が発達していた。それは、一部は冷涼な環境条件への適応であっただろう。ネアンデルタール人の生活様式も、強い力、スタミナ、耐久力を必要としていた。

両者が遭遇するまで、ネアンデルタール人も早期現生人類も、海産貝殻、加工した骨、オーカー（酸化鉄。先史人が身体彩色などに用いた）のような素材を用いて、個人的装身具を創っていた。それは、宝飾品、独特な髪型で、現代人が服装によってスローガンを表現するようなものだ。両者とも、現在も多くの民族で行われているように、直接証拠は見つかっていないものの、身体彩色、刺青、ヘアアレンジ、スカリフィケーション（瘢痕文身）も行っていたかもしれない。こうした試みと創作の要点は、自分、そして自分たちの集団を他から弁別すること、さらに自分、自分たちのものとして創造していた物品を特徴付けることだった。とりわけ、ある特定の集団の一員だと主張する必要があったことは、ある個人が何度も見知らぬ者と出会ったことを意味した。考古学証拠から早期現生人類は、ネアンデルタール人よりもはるかに古い段階で、しばしばそうした象徴、すなわち標識を創っていたことが分かっている。どちらかの人類が、あるいは両者ともが、真正の分節言語を操っていたかどうかは分からない。しかし両者とも他との何らかのコミュニケーション手段を、初歩的であれ少なくともそうした手段を持っていたのは確かだろう。

それでは、自分たちとは全く違う肌の色、体形を持ち、理解できない言葉、異なる石器群、今まで見たこともないような異様な象徴品を備えた人類集団と初めて出会った時、ネアンデルタール人、あるいは早期現生人類は、何を感じただろうか。「圧倒されるほどの恐怖」というのが、私が最適と考える推測だ。その恐怖の後に、強い好奇心が起こったことだろう。本当に未知の人類ならそことは別の土地と資源について知っていただろうから、別の人類に出会ったこと――希有な出来事である――で惹起された好奇心と興奮が恐怖感を弱めたかもしれないと考える他の人類学者もいる。見知らぬ連中は、自分たちに提供できる物を持っていた。彼らは、新しい種類の素材を加工する発達した道具や技術を備えていたかもしれないのだ。

文化的、身体的違いはあったが、時にはネアンデルタール人と早期現生人類は通婚した。このことは、二種の異なる人類に由来するゲノムを持つ古い骨から回収したゲノムから分かる。互いに交雑できず、生存できる仔も持てないという種を区別する旧来の手法とは、ここでは矛盾するかもしれない。もし雌雄の個体が交雑でき、実際に交雑しているけれども、生まれた仔が生存に不利であるか不妊だとしたら、両者は実は異なった種なのかもしれない。化石で種の境界を決めるのは、かなり難しい。ひょっとしたら交雑は起こっただろう。時には少なくない種数のヒト族が周りにいたので、見知らぬ相手や相当によそ者に見える相手、あるいはあまりそう見えない者の中から交雑相手は見つかっただろうからだ。風変わりな者というのは、アピールポイントになったかもしれない。おそらく私は間違っていて、「自分たちと違う」ヒトは私が想像するほど怖い存在ではなかったかもしれない。だが現代人にも外国人嫌いがよくいて、自分たちとはかなり違って見える他の人々を、快くは思わない。ともかくも交雑は、ネアンデルタール人に典型的な遺伝子を、低率（二〜四％）だが今日の多くの現代人に残した。

当初はネアンデルタール人遺伝子は、現代ユーラシア諸民族よりも現代アフリカ人でははるかに少ないと考えられた。普通、交雑は早期現生人類がアフリカを発った後にレヴァント地方で起こったことを意味すると解釈されたからである。(6) だが最近の研究で、アフリカ人の中にネアンデルタール人遺伝子が少ないこと、そしてアジア人の中にそれよりはるかに高率にネアンデルタール人遺伝子が見られるのは、サンプルを採られてきた現代人の標本数が小さかったことの人為的な影響によるものであることが分かってきた。ネアンデルタール人のゲノムについての初期の論文は、それを一握りの現代人ゲノムと比較していたのだ。

プリンストン大学のジョセフ・アーキーとその同僚たちとの研究チームは、遺伝子移入という過程を通して現代人に受け渡されたネアンデルタール人遺伝子を確証するための新しい方法を考案した。シベリア、アルタイ地方で採取した一個体のネアンデルタール人ゲノムと比べるために、（ネアンデルタール人ゲノムについて初期の研究で用いられたのがほんの数個体分だったのに対して、五つのアフリカ人亜集団から採ったものを含む）世界中の二五〇四人の現代人ゲノムを使って、アーキーのチームは、現生アフリカ人は（ヨーロッパ人と東アジア人とよく似た比率の）二～四％のネアンデルタール人遺伝子を持っていること、これらの遺伝子のほぼすべてはヨーロッパ人と共有するものであることを立証した。そのことが示すのは、ネアンデルタール人遺伝子は、現生人類が初めてヨーロッパに進出した時の交雑によって獲得されたこと、それらの遺伝子は、そうした個体がアフリカに舞い戻った時にアフリカ人集団の中に遺伝子移入された、ということだ。以前の分析結果では、――現代人サンプルの利用数が不十分だっただけでなく――こうした出戻り移動を認識できなかったことが、アフリカ人にネアンデルタール人遺伝子が無いように見えた理由だろう。ネアンデルタール人遺伝子の中には生存に有利なために現代人に維持されてきたものもあったが、中には有害だったので現代人には欠失したものもあった[7]。

早期現生人類が新しい大陸に進出した時、彼らはネアンデルタール人とその遺伝子に出合ったばかりでなく、現代のイヌの祖先であるハイイロオオカミとも遭遇した。イヌへとつながるオオカミの家畜化にとっての二つの必須要素は、同じ時に、同じ場所にあったのだ。

四万年前頃の絶滅へと向かって、ネアンデルタール人はほどなくして死に絶えた。これまで私は、現生人類の到来に伴って起こった競争の激化が、ネアンデルタール人を絶滅へと向かわせた、と他のところでも述べてきた。具体的には、現生人類が厳しい競争的環境のヨーロッパで利点を得るに至った一つの道は、イヌ科動物との長期的で相互に利益のある協力関係を構築し始めたことによるものだと仮定した。私の見るところ、この関係はオオカミのイヌへの変容、すなわち私たちの最古の友への変容で、おそらく頂点に達しただろう。ただ誰もが私に同意しているわけではない(8)。

私の考えでは、たぶん三万六〇〇〇年前頃には私が「オオカミ・イヌ」と呼ぶ動物――まだ完全には現代のような家畜イヌにはなっていないが、オオカミでもない動物――が人間の友になった。ベルギーの古生物学者である友人のミーチェ・ジェルモンプレ(Mietje Germonpré)の研究のおかげで、この頃に遡るヨーロッパ各地の考古遺跡で、彼らの頭蓋、鋭い歯、顎、四肢骨が見つかっているのだ。

二〇〇九年から、彼女とその研究チームは、詳細な統計分析を用いて、古いイヌ科の化石をオオカミとも初期のイヌとも同定できることを知った。私は、このイヌに似た動物をオオカミ・イヌと呼んでいる。彼らが現在のオオカミとイヌの交雑個体のようだったと考えるからではなく、オオカミと酷似し、今日知っているイヌとはかすかに似るに過ぎないからだ。ジェルモンプレはといえば、彼らをしばしば「旧石器時代のイヌ」と呼ぶ。彼女の統計分析技術によって、彼らを同一の遺跡で化石となって残った当時の普通のオオカミと識別できたからだ。実際、彼女のチームは以前にオオカミと同定されていた古いイヌ科の化石の一部は統計分析によってのみオオカミと区別できることを発見し、その後、その時まで最古のイヌと考えられていた標本をさらに注意深くグループ化した[9]。

ヨーロッパの数カ所の遺跡から集めた化石骨にこの手法を適用して、ジェルモンプレらは今や四〇個体以上の化石を、オオカミの類型に収まらず、ごく早期のイヌ、すなわちオオカミ・イヌの類型に含められると認定してきた。驚くことに、放射性炭素年代測定法によってオオカミ・イヌは、約三万六〇〇〇年前頃の古さであることも分かった。その年代は、これまで誰もが家犬の年代と考えてきたものよりはるかに古いのだ。(ジェルモンプレの成果の前、誰もが家畜イヌと認める最古の年代値はたぶん一万五〇〇〇年前だった。)

そうしたものとして誰にも承認される家犬は、たいていヒトの遺骸と密接な形で共伴した。また家犬の遺骸は、時には大きなイヌの墓地に、時には副葬品とともに入念に埋葬された。特別に定められた場所に、ある種の儀礼を伴って意図的に埋葬されたイヌのことを、野生のものとか家犬ではない、とは誰も言わないだろう。実際、私が言いたいのは、イヌの埋葬場の存在は、人々が人間の埋葬に相当するやり方でイヌたちを埋葬し始めたずっと前からイヌが家畜化されていたことを示しているということだ。何と言っても知られる限り、ホモ属のごくごく初期の一員は、互いを埋葬することはなかった。したがって埋葬されたイヌは、あたかも人間であるかのように、ほとんど人間のように、扱われたのだと思う。イヌたちは、ずっと長い間にわたって人間と親密に暮らしてきたからだ。

オオカミ・イヌは、現在の家犬と同じではなかった。今日の家犬の直接の祖先でもなかったかもしれない。両者の関係の謎を調べる一つの方法は、母系によってのみ伝えられるミトコンドリアＤＮＡを解析することだ。細胞には、核DNAよりもずっと多くのミトコンドリアDNAのコピーが含まれている。そのため古かったり、不完全だったりする骨標本から、核DNAよりもずっと容易にミトコンドリアDNAを回収できる。

ジェルモンプレらによってオオカミ・イヌと同定されたものの骨から抽出したミトコンドリアDNAは、今までのところ現生のイヌとは全く一致しない。だがジェルモンプレが形態の統計分析でオオカミ・イヌと同定した他のオオカミ・イヌのミトコンドリアDNAとは一致するのだ。ではこれらのオオカミ・イヌは、現生のイヌの祖先ではないことを意味するのだろうか。決定的ではないものの一つの可能性として、ミトコンドリアDNAの系統は、例えばメスの仔をメスが産めなかったというような、よくあるランダムな出来事のために消滅することがある。母親がミトコンドリアDNAを次の世代に受け渡せるほど長く生き残るメスの仔を持たないということがあるし、また、姉妹の別の個体が同じミトコンドリアDNAを伝え、十分に長く生き残るに至るメスの仔を産まないとすれば、その個体の系統は絶えてしまう。ほぼすべてのミトコンドリアDNAの系統は、時がたつにつれて消滅するというのが、厳しい現実である。したがって数少ないオオカミ・イヌの母系のミトコンドリアDNA系統のすべては絶滅してしまった、あるいは現生のイヌの中からまだ発見されていないという事実はあっても、旧石器時代のイヌは生き残った仔を持たなかったということにはならないのだ。[10]

これまでに収集された現生のイヌのミトコンドリアDNAの中からオオカミ・イヌのミトコンドリアDNA系統を見つけ出せていないことは、オオカミ・イヌは現生のイヌの祖先ではなかったことを意味するのかもしれない。そしてこれらのオオカミ・イヌは、長期的に成功しなかったごく初期の家畜化の試みの結果だったのだろう。だがこの証拠は、しばしばよく起こることだが、一つの特別なオオカミ・イヌの系統が消滅したということも意味するだけなのかもしれない。私にとって説得力のあるのは、頭蓋の形態とプロポーションに基づいてオオカミ・イヌと同定された化石は、同じミトコンドリアDNAをすべてが共有しているということだ。また彼らの食物は共通しており、その食物はヒトの食物とも、同じ場所にいたオオカミのものとも違っていた。オオカミ・イヌの骨とオオカミの骨の化学組成を検査したチュービンゲン大学のアルヴェ・ボケレンス（Herve Bocherens）らは、オオカミ・イヌはほとんどトナカイの肉を食べていたが、同じ場所にいたオオカミとヒトは、かなりの割合でマンモス肉を食べていたことを見出した。[11]

オオカミ・イヌは同時代のオオカミと違っていたし、外見、遺伝子、食物、行動でまとまりのある集団を構成していたようだと言える。三万六〇〇〇年前頃を皮切りに、オオカミ・イヌの化石は、グラヴェット文化と呼ばれる石器文化に属した早期現生人類に残されたヨーロッパの遺跡でのみ発見されてきた。オオカミ・イヌ化石を伴うこれらの遺跡のほぼすべては、驚くほどの量のマンモス遺体の化石を含んでいる。マンモス化石は、これより古い時代の考古遺跡ではほとんど見られない。この発見が示唆するのは、オオカミ・イヌは人間によってトナカイの肉を与えられていたかもしれないということだ。たぶんその間、人間の必要とする、もしくは好むマンモスの肉を盗まないように綱で繋がれていたか囲いに入れられていたのだろう。事実なら、トナカイ肉を与えられただろうことは、ヒトとオオカミ・イヌとの間に親しい、持続的な関係があったことの良好な指標となる。

ジェルモンプレと新しい共同研究者たちによって最近発表された論文は、以前のイヌの家畜化についての謎に応用されたものではなく、技術的に確立された手法を使ってこの結論を検証している。歯に残された微細な傷の様子を分析するDMTA（Dental microwear texture analysis）という方法は、動物の生涯の最後の数日間、数週間にその個体によって噛まれたり、食べられたりした食物が、食物素材の物質的特性に応じてその個体の歯に与えるダメージの観察に基づくものだ。例えば木の実や果実を食べれば、顕微鏡で見た歯の微小な傷は、生肉やどろどろになった植物食を食べたそれとは異なったパターンになる。だが問題は、次のことだ。この手法は、頭蓋と顎骨の形態分析で識別できた同じイヌ科の二つのグループ（オオカミと初期のイヌ）を区別できるだろうか？　そしてまた個々の標本の骨を化学分析してイヌ科動物を同じ二つのグループに分離し、したがってグループが生態学的信頼性を持つことを証明できるだろうか？　特にDMTA法は、初期のイヌは人間に食べ物を与えられていた（あるいは人間の食べ残しを漁っていた）という考えを確証するか反証するかに役立つだろう。DMTA法のとおりだとしたら、人間は肉がたっぷり付いた食べ残しをオオカミ・イヌには与えないだろうから、DMTA法は肉を食べることよりも硬くて脆い骨を噛むことによる多くのダメージを明示するはずだ。人間が食べるのが難しい動物死骸の部分は、後に残った肉片や骨髄を削ぎ取るだけの骨であった可能性が高い[12]。

大臼歯は骨と他の硬い部分を噛み砕くのに使われることが分かっているが、研究チームは、顎の大臼歯を選んで詳しく観察した。微細痕の特徴は、自動的に測定された。そしてそれぞれの歯の表面の選択された領域のきめについての全体的粗さは、他の歯のきめと統計的に比較された。歯の微細痕のきめは、イヌ科の二グループ間で、特徴のある違いを示した。初期のイヌたちは、硬くて脆い食べ物を食べていたというはっきりした証拠が見られた。さらにもう一つの手法による仮説の確認によって、チェコのプシェドモスティ遺跡には生態的に異なる古代イヌ科二グループの化石が保存されていることの強力な証拠が得られた。いくつもの根本的に異なる分析法を結合すると、説得力がある。

異なる証拠のいくつもが示すように、古い現生人類が三万六〇〇〇年前頃にオオカミ・イヌと共に暮らし、彼らと狩りをし、おそらくは彼らに餌を与えていたのなら、私たちの祖先は驚くべき意味を含むある発見をしたのだ。彼らは、他の動物と協力し、他の動物と親しく暮らすことは、人間が他の動物の能力を「借り」られるという意味であることを学んだのである。イヌの場合で言えば、鋭敏な嗅覚、獲物となりそうな動物の後を速く、ほとんど疲れることなく追跡できるスタミナのような能力である。だから人間は、こうした特性を進化させる必要はなかった。

イギリス、ダラム大学のアンジェラ・ペーリは、狩猟犬を陸棲動物を捕獲するために使われた特別の抽出技術と考えて、イヌと人間の関係を雄弁に述べている。日本では、一万二五〇〇年前頃から二三五〇年前頃の狩猟・採集・漁労文化の縄文時代に、本州島東部で一一〇個体以上のイヌの埋葬がなされていた。ペリーは、これらの遺跡についての日本とイギリスの文献を見直し、解体の痕と死因を調べるために骨そのものを検討した。その結果、彼女は、これらのイヌはイノシシやシカを狩るのが難しい温帯林で、そうした動物を追う専門化した狩猟犬だったと主張した。彼女はイヌを人間に近い地位まで引き上げたことは、狩猟の追跡中の特別な能力と英雄的な死に結び付けられていたと推測した。(13)

氷河時代のヨーロッパのような閉鎖された生態系には、多種多様な捕食動物が満ちていた。彼らのうちの一種が、他の肉食獣と協力して少ない危険と少ない努力でより多くの食物を得ようとしたことには、大きなメリットがあったことだろう。このメリットは、大量のマンモス骨を伴う中央ヨーロッパのグラヴェット文化期遺跡の突然の出現と直接の関係があったのかもしれない。グラヴェット文化期以前より古い遺跡では、マンモス骨の出土はわずかしか認められないのだ。何かが変化し、この非常に大きな動物を狩猟できるだけの祖先の能力が向上したのだ。この時期、石器、すなわち狩猟具に大きな変化があったわけではない。私の仮定では、オオカミ・イヌとの協力が鍵だったかもしれない。このシナリオは、オオカミのよく知られた行動に基づいている。オオカミ・イヌがオオカミと似ているのだとすれば、彼らはマンモスや獲物になる他の大型動物を、人が単独でできるよりももっと効率的に見つけ、繰り返し攻撃し、捕獲できただろう。イエローストーン国立公園のオオカミは、今、この公園の最大の獲物であるバイソン相手にこれを行っている。疲労して負傷した動物を引き倒し、とどめを刺すのは危険だから、オオカミはそうした状況でしばしば怪我をする。だがオオカミ・イヌがマンモスを取り囲み、人間と協力すれば、人間は追い詰められた獲物に接近し、投げ槍や矢のような飛び道具で仕留められただろう。その後、オオカミ・イヌと人間は、仕留めた場所の近くの野営地に安全に戻ることができ、獲物を掠め取ろうとする他の肉食獣から死体を守ることができただろう。マンモスの死体全体を動かすのは、大変に骨の折れる難問となる。

人間がオオカミ・イヌを使い大きな獲物を運べることが、彼らとの密接な共同作業による利益だというのなら、オオカミ・イヌも、大型動物の狩りで直面する危険を小さくし、より確実に肉を得ることにより、人間との密接な共同作業から利益を得た。人と共に暮らし、協同して狩りをすることは、競合する他の肉食獣――人とオオカミ・イヌが迷い込んだ縄張り内の在地のオオカミの群れを含む――からオオカミ・イヌを保護することにもつながった。人もオオカミ・イヌも、現在の家犬の大きな魅力である感情的な絆からも利益を受けた。

ニュアンスと細部についてはしばらく脇に置くとして、右記の要約は、五万年前から四万年前のヨーロッパでのヒトとイヌの進化で起こったかもしれないことを一瞥している。この間、人類は生態系を混乱させ、数千年にわたって進化してきた行動上のバランスと生態学的なバランスを撹乱した。その一つの劇的な結果が、ネアンデルタール人の絶滅だった。彼らは、気候が悪化する時代に激しくなった生存競争を生き抜くことができなかった。彼らは、四万年前頃には死に絶えた。たぶんさらにもう一万年の間に、ヨーロッパの別の氷河時代の肉食獣の多くも、地域的、全地球的に絶滅した。ホラアナライオン、ホラアナハイエナ、ホラアナグマの一部の種、大型のヒョウ、ヨーロッパ産ドールがそれである。早期現生人類とハイイロオオカミの子孫は、ヨーロッパのこの絶滅の波から生き延びられた数少ない大型肉食動物であった。それが、協力関係のパワーである。

他の世界で何が起こっていたのを問うてもよいだろう。右に要約した——そして拙著『侵入者（*The Invaders* 邦訳名『ヒトとイヌがネアンデルタール人を絶滅させた』河合信和監訳）』ではもっと詳細に論じている——シナリオと証拠の解釈は、確実な証拠によって妥当に思われ、支持される。[14] ではアジアでも似たような過程が起こったのか、そしてもしそうなら、この考えは多数の証拠によってアジアでも支持されるのか？　イヌは、二度、家畜化されたことがあったのか？　イエス、である。特にイヌ科は、他のイヌ科の種とたいていは交雑できるからだ。どんな痕跡が残っていて、人類の移住と協同という複雑な歴史をつなぎ合わせるのに役立つのだろうか？　私たちは、どのようにしてそれを決めることができるのだろうか？

# 第二章　なぜイヌなのか？　そしてなぜ人なのか？

なぜ、それがイヌだったのか？　彼らはなぜ人間と密接な関係を形成した最初の動物だったのか？　なぜ他の動物では、そうならなかったのか？

こうした謎に答えるには、まず第一にイヌとは何かを知る必要がある。謎の解明に至る単純な方法は、あなた方読者と一緒に暮らしている動物を指差してみることだ。「それ」は、まさにイヌである。しかしざっくばらんに言って、現代のイヌは、外見、形態、体の大きさ、行動、気性においてかなり多様なので、指差しも有益な回答とはならない。イヌは、まず体の大きさからして多様である。重さわずか一キロのチワワやその他の小型犬から、体重一〇〇キロ以上の猟犬、グレート・デン、マスチフ、アイリッシュ・ウルフハウンドのような巨大な犬種まで、様々だ。その代わりもっと科学的に、犬は家畜化されたオオカミだと言うこともできる。だがそれは、ほとんど同語反復である。イヌがオオカミ――最も高い可能性として中東かヨーロッパのハイイロオオカミ――に起源があることは、既に分かっている。ただし研究者の中には、イヌは中国産のオオカミが起源とする可能性の方が強いと考える者もいる。遺伝学、考古学、古生物学も証拠をもたらすが、まだその謎を解明するには至っていない。オオカミとイヌの間での戻し交配も可能で、実際にそれが行われて仔も生まれるが、オオカミとイヌは同じ種では全くないし、その仔には繁殖力はないようだ。カニス・ファミラリス（*Canis familaris*）、すなわちイヌは、まさにその学名どおりである。親しみのある動物、「私たち」の一つ、人間社会の一部なのだ。イヌは人間社会のある所ならどこでも見られ、人間社会の欠くことのできない一部分を構成している。

オオカミの学名は、カニス・ルプス（*Canis lupus*）で、親しみもなく、友好的でもなく、また野生的である。彼らは強い社会性があり、極めて好奇心に富んだ優れたハンターだが、人間に特別な関心を払うことはない。様々なハイイロオオカミのもともとの分布範囲は、広く北半球の大半に及んでいた。この広大な分布が意味するのは、例えばウクライナのオオカミと新大陸ノース・カロライナのオオカミとの間には比較的小さな違いしかないということだ。外観、体の大きさ、体毛の色、姿に表れるその他の遺伝的な特徴の違いは、そのような広大な地理的分布域をカバーする個体群を持つ動物なら、どの種であれ、予期されるものに過ぎないだろう。

『イヌはどのようにしてイヌになったか（*How the Dog Became the Dog*）』の著者マーク・デールは次のように言う。「イヌは生まれながらのオオカミである」。家犬に本来備わった性質と能力は、祖先のオオカミに存在していたことを見出している。イヌは、オオカミからいくつかの資質か行動を差し引いた存在、あるいは誇張されたりより強く表現されたりしたオオカミの特徴の一部を持ったものだが、イヌは、進化によっていくらか余分なものが付け加わったオオカミではない。最も重大なのは、オオカミは、人間と関係を持ちたい、そしてイヌの特徴的な性質である人間を喜ばせたい、楽しませたいという大きな本能的な願いを欠いているか、抑えていることだ。イヌは人を頼りにし、人間と関わり、人間と共に暮らしている。イヌは、ほとんどの場合、人間を好む。人間は、イヌの最も一般的な生態的ニッチを明確にしているのだ。だがオオカミは、幼い頃に捕らえられて育ててくれた特別な人間に心を許すのがせい

家犬は、知られる限りでは300以上もの系統（亜種）がある。そうしたイヌは、狩猟、警護、牧畜といった目的とされる用途によってしばしば分類される。ブリーダーは、体の大きさ、形態、体毛の風合い、体毛の色、気性によって選択する。こうした特徴に合わせて、イヌは驚くべき多様性を持つに至っている。ほとんどの犬種は、この200年のうちに作り出されたが、その他に多くの未認定の犬種、特定の地域にのみ適合した在来犬もいる。

ぜいだ。各種の知能テストを行うと、イヌは人間の赤ん坊がよくするように人間の助力を仰ぐ傾向があるが、オオカミはそうではない。仔イヌを見ればわかるように、イヌは長い期間の訓練の受け入れ、社会性を持つ。その長い期間、人間と触れあったり新しいことに接するのが必須の重要事だ。対してオオカミの仔は、この社会性に要する期間は発達の過程でイヌよりも早くに終え、イヌよりもはるかに短い期間しか持たない。人間が一緒に暮らすべく、上手にオオカミの仔を育てるためには、かなり早いうちに捕獲し、社会化を始めなければならない。オオカミが十分に育った後でさえ、人工保育のオオカミは、彼らが目にした新しい事に、イヌよりもずっと怖がった様子を見せる(1)。

イヌとオオカミとの間の性格の違いをはっきりさせようとする時、私はイヌの訓練士のクリス・メイソンから彼女の友だちのヴィッキ・ハーンについて数年前に聞かされた話をいつも思い出すのだ。彼女たちは、動物と人間の関係についての重要な本を書いた。ハーンは、動物訓練士としてオオカミ、オオカミとイヌの交雑個体、イヌの訓練を行った。ある時、オオカミとイヌの交雑個体と自分が飼っているピット・ブル・テリアを自分の車に乗せて旅行した時、人里離れた所のかなり不潔そうな所で、トイレのための停車をした。建物はオンボロで小さく、粗暴そうに見える男たちが何人か、酒を飲み、煙草を吸って、駐車場にたむろしている様子だった。彼らのうち誰かが彼女や車にちょっかいを出しそうでないのは確かなので、車の外に出て、ソーダを買うために店の中に入った。彼女が外に出てみると、男たちは彼女の車にまさに近づいているところだった。車中のピット・ブル・テリアがこれに激しく反応した。吠え立て、ドアと窓に体当たりし、よだれをダラダラ垂らして歯をむき出し、不審者をバラバラに引き裂かんばかりに威嚇した。オオカミとイヌの交雑個体は、まるで退屈し、「彼女に用があるのか、それとも車にかい？　オレには関係ないよ！　さっさと行こうぜ！」と促すように、もの静かに周囲を見渡していたのだ。[2]

何週間もの間、オオカミとイヌのこの交雑個体はハーンの訓練に付き合ったのに、プット・ブル・テリアと違って、ハーンや彼女の車を守ろうとする意思が育たなかった。対してプット・ブル・テリアの方は、訓練士の安全と持ち物への責任を明らかに感じていたのだ。オオカミは、ハンターで捕食者である。人間、つまりハーンが、交雑個体と狩りをしていて、訓練している時なら、交雑個体にとって彼女は大切な存在だった。だが彼女が一緒に狩りをしないとなれば、交雑個体は人間との協同に何の関心も持たず、ハーンにも特別な愛着は持たなかった。狩りをするイヌ科動物にとって有益な技と特性を人間が示した時だけ、限定的な絆と協同が形成された。イヌ科と他の動物を結び付けるものは、双方に共通の関心と価値という深く感知でき、極めて重要なセットがある場合だ、とメイソンとハーンは示唆している。この話に出てくるピット・ブル・テリアは、ハーンには心の底から結びついていた。狩りだけでなく、毎日暮らせるのは彼女の「おかげ」だった。ピット・ブル・テリアは、かなり深いレベルでハーンと関わること、生きるうえで第一の目的だった。ハーンの安全を守るのは、このイヌにとって生死に一体化していたのだ。[3]

イヌのこの深い絆を、クライヴ・ウェインは「愛」と言う。単純な親密さ、すなわち同じ場所にいること、つまり共棲は、オオカミとイヌの交雑個体にとっては十分なものではなかった。共有された倫理観——相手への信頼——と共通の価値観のセットが、絆が形成されるのに必要なのだろう。メイソンは絆を、そうした感情を呼び起こす熱情と共に、内面での同一化に基づくこと、イヌ科と人間個人の間に共有されるゴールだとみなす。私が思うに、以上の記述は同じことを指している。家畜化、つまり別の動物との結びつきは、単に生物学的、遺伝的なものというわけではない、行動的なものだ（ただし遺伝子の変化は、家畜化を恒久的、遺伝的な特性に固定化するのに必要だろう）。鍵になるのは、両種間の行動上の諸関係が変化すること、まず変化することだ。[4]

共有された倫理観、すなわち相手への信頼こそ、歴史上初めての家畜化が始まった理由である。では誰が、仲間、友としてオオカミのような獰猛で恐ろしい肉食獣を選んだのだろう？　なぜオオカミは、ただ人間たちがそばにいて、食物をくれただけで、人を大切に思うようになったのだろう？　同じことは、死んだシカについても言えるのか。意味のあるつながりを創り上げることこそが、もっと必要だった。そうした結びつきのために、心からの共有があったに違いない。

誤解がないように言うと、私は過去に誰かが意識してオオカミを家畜化しようと選んだとは考えていない。早期現生人類がオオカミの仔がいかにも愉しそうで、可愛く、抱きしめたくなるほどで、彼らのどうしようもない魅力にとりつかれ、身体的な親密さと交友を結びたいという深い必要性があったために、オオカミの仔を野営地に連れ帰ったのだと私は思っている。しかしオオカミの仔が成長した時、これは確かだと思うのだが、大きくなったオオカミが攻撃的になったり、決められた場所以外で排便したり、単にやかましい厄介者になったりしたために、多くのオオカミは殺されたり、追い払われたりしただろう。（ちゃんとしつけられなかった家犬が保護施設に送られるのと同じ理由である。）わずかな個体だけが好ましくふるまい、その身体的な親密さと交友は、人間のもとにずっと、死ぬまで留まるのに十分な誘引であることが分かった。やがて何の意図的行為も計画もなくても、私がオオカミ・イヌと呼ぶ物

――この動物を、現生のイヌや現代のオオカミとイヌの交雑個体を含む私たちの知るどんなイヌ科動物とも区別できる――が現れた。私は、プロトプードルとも一種のコリーとも、ポインターの可能性のある動物とも考えない。オオカミ・イヌは、考古記録と古生物学記録で見られる家犬への道の最初のステップだった。オオカミ・イヌは私たちの世界を変え、私たちもオオカミ・イヌを変えたのである。

オオカミ・イヌは、オオカミではないが、オオカミよりも現生のイヌに似ているわけでもない。オオカミ・イヌは、いくつかの人間の集団と特別で力強い関係の始まりに関与した。人間は、当時は基本的には社会的な捕食者だったので、別の動物と実用的で永続的な絆を築ける唯一の方法は、相手もまた社会的な捕食者である必要があった。たぶんオオカミが人を観察したので、人もオオカミを観察し、両者とも相手の技量を補完する目標と成果を得られると認識し、お互いの技量を尊重するに至ったのだろう。オオカミにとって善（賢明、必要、有利）だと思えた行動上の選択は、人間によっても同じように判断された。このことが、相手を信頼し、共に狩りをすることを可能にしたのだ。

では、イヌをなぜ？　オオカミは、どんな狩猟民もうらやましがるスタミナとスピード、高度の感覚、そして獰猛さをもたらしたからだ。

だがそれでは、人をなぜ？　オオカミは、なぜ人間を選んだのか？　それは、人間がオオカミを探し出した理由を説明するのとは別の話だ。しかしなぜオオカミは、人と同盟しようとしただろうか？　オオカミの目から見ると、人はとても下手なハンターだ。だが人間は槍と投槍器、弓矢のような飛び道具を持っていた。それはいずれも獲物を仕留める確率を上げ、負傷した獲物にとどめを刺す時の潜在する危険を低減する。考古記録によると、人間によって使われた無機的な狩猟具にそれまでとはほとんど変化がなかったのに、大量のマンモスや他の大型動物が殺された遺跡が突如として出現した。そしてそこにはイヌ科がいた。実際、それ以前にいたよりもっとイヌ的なイヌ科だ。彼らが重要な活動をしたので、そこにいたのだ。

使役犬の専門家のレイ・コッピンガーとローナ・コッピンガーは、イヌの家畜化の始まりは一頭のオオカミだと仮定している。たぶん群れからはぐれた妊娠したメスオオカミで、人間の出した生ゴミの山から食べ物を漁るのに慣れた個体が、食べ物と人との交わりを求めて人の野営地に近づいた時に起こった、というのだ。このシナリオは、確かにありそうだ。しかし私たちが知っている最古の半家畜化されたイヌは、定住村落や恒久的ゴミ山のできるずっと前に現れたのを思い出すことが重要だ。そうしたシナリオでは人は、ファストフードの店から廃棄された袋にそっくりの単なる食べ物の供給源でしかない。野生のイヌ科は普通は人を避けるし、どちらかと言うと人目にはつきにくい。また遊動的生活をしている狩猟採集民の後に付いていく一匹狼にしたところで、土地のオオカミの群れのいる縄張りに入り込んだとしたら、その群れに襲われて致命的な傷を負う危険がある。(5)

私は、その危険性を誇張して言っているわけではない。イエローストーン国立公園でのある日のことが忘れられないからだ。その日、私は丘の向こうから来る一頭のオオカミを見ていた。ラーマー・キャニオン・パックという群れの縄張りで、早朝に死んでいたバイソンの遺体の一部を盗もうと狙って来たのだろう。バイソンの死骸は、私の立っていた所からよく見えた。ただ距離的には離れすぎていたので、私にはオオカミの声が聞こえなかった。群れのオスたちは、腹を丸くして日光の下でうたた寝し、若いオオカミたちは草の上で遊んでいた。やって来たその一匹狼は、隣の「モーリーの群れ」の出身だった。

ラーマー・キャニオン・パックのリーダーは、「06」というナンバーを付けられた恐るべきメスで、「モーリーの群れ」からやって来た侵入者に気がつくや、即座に襲撃を始めた。うたた寝していたオオカミたちも、すぐさま全速力で走り出した。ハラハラさせられるような追跡の後、ラーマー・キャニオン・パックのオオカミのうちの一頭が、侵入者の尾を捕まえた。むごたらしい細部のことは藪で視界から遮られていたけれども、追跡したそれぞれのオオカミは、文字どおり興奮の最中であった。毛の塊が飛び散った。ラーマー・キャニオン・パックのオオカミどもは、容赦なかった。それは、およそ十二頭対一頭の闘いだった。モーリーの群れ出身のそのはぐれオオカミは、二度とその藪から歩き出ることはなかった。これこそが、別の群れの縄張りの死体を掠め取ろうとするオオカミの待つ運命なのだ。

どのようにして最初のオオカミ・イヌが現れようとも、それはかなり普通でない状況だった。一人の人間であれ、集団であれ、オオカミ・イヌと一緒の狩りを魅力的にするのに十分な食物を提供できただろうか？　私たちの視力は弱く、聴覚も平凡で、嗅覚も哀れなほどに鈍く、獲物を追い詰めて倒す能力もオオカミに比べれば乏しい。そして疑いもなくオオカミは、そのことを知っていた。しかし早期現生人類は、狩りの原理を理解し、狩りの成功に熱心に取り組んでいた。人間の野営地には食べ物の匂いがした。そこの焚き火は暖かく、明るかった。現生人類は、どのように一緒に狩りをし、獲物を分け合うかを知ったのだ。そして人は安全な距離から獲物の動物を仕留められるほとんどマジックのような手段を持っていた。おそらくそれで十分だったのだ。

# 第三章　イヌらしさとは何か？

最後のオオカミのように最初のイヌが備えたのは、私が「イヌらしさ」と呼ぶものだった。イヌらしさとは、はっきりした愛犬家たちの最重要点である。明らかに最初のイヌは、イヌらしさを備えていた。でないと私たちは、最初のイヌを現代のイヌと関連しているとは認めないだろう。けれどもそれは、今、私たちが知っているようなイヌでなかったのは確かだ。イヌらしさを見せたまさに最初の動物は、おそらくは今見るイヌのようではない。なぜならその動物は、まだイヌらしい段階まで進化していなかったからだ。けれどもイヌらしさを備えた最初の動物は、やはり単純なオオカミでもなかった。それでもイヌらしさはすでに始まっていて、それにはオオカミの特徴の多くが含まれていた。私は前にこのように問うた。「なぜ、それがイヌだったのか？」と。最初に、最も一般的に家畜化された動物がなぜイヌだったのか？　なぜイヌは、私たちの旅の道連れ、友だち、番犬、遊び仲間、庇護者、牧羊犬・家畜番、猟犬になったのか？　なぜ人は家畜化の過程を考え出し、オオカミやイヌと取引したのか、そして、そう、それがなぜシカや原牛、ヤギではなかったのか？　その答えは、イヌらしさの本質とはなんであるかということ、人間以外の別の捕食者を家畜化し、それと身近で親しく共に暮らすことが何を意味するか、ということと理解によって決まる。証拠から推論できる限り私は、この驚くべき過程が実際の暮らしの中でどのように見えたかを明示したい。イヌの家畜化を理解することは、人がイヌとそうした深い感情的絆を形成した理由を説明することになる。実際、感情的絆が一番大切だ、と私は言いたい。イヌを友として人が旅してきたことは、私たちとイヌたちの双方を変えた。身体的に、行動的に、遺伝的に、そして感情的に。一緒に、ヒトとイヌはあらゆる種類の重要な企てに乗り出し、成功してきたのだ。

そもそもイヌらしさとは、何だろうか？　他の動物から大型イヌ科を分ける特徴として、イヌらしさは、全体的な姿形と体格、イヌ科が見事に適応を遂げた特別な生活様式と直接の関係がある。オオカミでは——彼らの全体の外観はイヌ科であるにしろイヌではないが——、それでもイヌらしさがちょっとだけある。知り、観察し、気づき、群れの他の個体と意思疎通し、獲物を追跡し、追い詰め、仕留める必要が、そこにはある。本来的にイヌには、イヌらしさに、人間を含む群れの一員になり、意思疎通をしたいという願望、意欲が含まれる。意思疎通をすることは人間と共に暮らすことを意味するのかもしれないし、あるいは人間と協力するという意味かもしれない。もっと広い意味では、どちらの極端さもイヌである必要はない。現代のイヌでは、この特徴は、身体的にも感情的にも、人と共にいたい、人の生活に加わりたいという願望として表現される。この強い願望は、イヌの側の分離不安——人から切り離された時、イヌが強い不安に襲われ、パニックになるというごくごくありふれた病——として表される場合もある。分離不安は、独りぼっちにされた時の絶え間ない無駄吠えやハウリング、イヌの目に入る物の手当たり次第の破壊、適切でない場所での排便や排尿、舐め過ぎや過度の噛みが原因の時々の自傷行為、ドアや窓、その他脱出口になりそうな所を壊して逃亡しようとする試み、として表れる。極端な分離不安は、ペットとして暮らすディンゴには極めてありふれた特徴であり、それがディンゴをペットにしておくことを難しくしている。

イヌらしさとは、音と匂い、侵入者や不審者、原因と関係、生き延びるための基本的にハンターである動物を助ける雰囲気のかすかな動きや漠然とした変化への生来の警戒心、でもある。今や人を楽しませる仲間であってハンターではないイヌであっても、だ。それは、身の周りのことについての好奇心、賢さ、謎を解くことへの関心、僅かしか知らないことへの探究心でもある。イヌらしさとはまた、しばしば動き、動作、極度の匂いへの愛好でもある。多くのイヌは、走るのが好きだし、走ることを必要としている。すべてのイヌ科動物がイヌらしさの全部の面を示すわけではないが、家犬、オオカミ、ディンゴ、さらに私は強く主張したいが同定された最古のイヌは、こうした特徴の一部を見せるし、見せた。イヌらしさの広い本質は、イヌであるとする道が複数あることを私に推定するように導く。言い換えればイヌは、単に家畜化されたオオカミということではなく、私が知るイヌに似たすべてのイヌ科動物――キツネ、コヨーテ、その他――は、意味のあるイヌらしさを示すのだ。

イヌは、家族を構成する自らの群れと強い絆も持つ。現代のイヌの持つ、他のイヌ、人間、コドモの頃に触れ合ったヒツジやペンギンなどの動物と絆を形成する、とてつもないこの能力こそ、ほぼ決定的な特徴である。イヌの特徴としてしばしば引き合いに出されることのある「忠誠心」は、あるイヌが他の個体・動物に絆を結べる強さを主に意味している。クライヴ・ウェインは、著書『イヌは愛である（*Dogs Is Love*）』の中で絆を結べるこの能力について調べた。彼の説くところによると、この絆を結べる能力は、イヌに本来備わった属性であり、決定的特徴の一つなのだという。彼の言うことは、おそらく正しいだろう。イヌの心理学に関しての自身の研究とブリジット・フォンホルトによる遺伝的な発見を結合して、ウェインは、興味をそそられ、説得力のある考えに到達した。(1)

フォンホルトは、イヌ九一二個体とハイイロオオカミ二二五個体をサンプルとして用いて、イヌ科動物のゲノムと一塩基多型（SNPs、「スニップス」と発音）の研究をリードした。一塩基多型は、四つの塩基（アデニン、シトシン、グアニン、チミン）の一つが別の塩基に置換されたゲノムの中の位置であり、その置換は生物にはありふれた変異である。それぞれの一塩基多型のパターンは、各個体のＤＮＡを独自のものにしている。フォンホルトは、イヌの一塩基多型のパターンを見れば、その遺伝的変異がどこで起こったかが明らかになるかもしれないと期待した。

現生のオオカミはイヌと異種交配をすることが分かっているが、彼女が遺伝子型を調べた八五の犬種のうちほんのわずかしかハイイロオオカミと交雑のあったという証拠を示さなかった。たいてい遺伝子は、イヌからオオカミへとの受け渡されているようで、その逆はなさそうである。各犬種それぞれを遺伝的に最も近い近縁犬種とクラスター分析すると、他の犬種とはかなり異なったイヌの集団が現れた。これらが、バセンジー、秋田犬、チャウチャウ、アフガン犬、サルーキ、サモエド、シベリアン・ハスキー、エスキモー犬、ディンゴ、カナン犬、シャーペイ犬、ニューギニア・シンギング・ドッグ、アメリカン・エスキモー・ドッグである。これらの犬種それぞれは、「古代犬種」と考えられてきた。歴史的な文献によると、これらの犬種は五〇〇年以上前に作られたと推定されるからで、そのことは原始的犬種だろうことを意味するからだ。

この大規模な研究の予想外の発見の一つとして、論文筆者たちが注目するのは、「さらに我々は一つの一塩基多型が……ヒトのウィリアムズ症候群の原因となる *WBSCR17* 遺伝子近くにあることを観察した……。それは、例えば並外れて群れたがるという社会的特性で特徴付けられる(2)」。

人間のウィリアムズ症候群（ＷＢＳ）は、広く知られた疾患というわけではないが、遺伝子的要素によることが良く分かっている疾病の一つだ。少なくとも二七の特殊な遺伝子がＷＢＳに関係していた。その患者は、どれだけ多くの関連遺伝子が影響しているかにもよるが、しばしば「妖精様」と呼ばれる特徴的な顔貌、精神的発達の遅れ、心臓と腎臓に問題を持つ。ＷＢＳ患者は、他の何よりも気遅れの欠如と社交的な性格という点で目立つ。彼らは、他の人との社会的関係を作るのに長じているのだ。

ＷＢＳ患者の人間と同じように、家犬はＷＢＳ遺伝子の六つまでの遺伝子コードの改変が見られるので、未知の人との社会的なコンタクトをとっても不思議ではない。これが、ウェインがイヌの「愛」と呼ぶ特徴で、人、時には別の動物への深い絆である。しかし人とイヌとでは、詳しい仕組みは異なる。ヒトでは、約二七個の遺伝子の欠失があり、欠失部分を区切るゲノム領域は、発現が弱められていることを示している。言い換えれば、この欠失が生体がふだん作っている物質の一部の産生を阻害しているのだ。イヌの場合、この仕組みは違っているようだが、効果の一部は似ている。イヌは、イヌ科動物のＷＢＳ領域の遺伝子四つの効果を阻害したり弱めたりする、動く遺伝因子挿入を持っている。したがってオオカミと比べて家犬で、これらの挿入は人間に対する、より大きな親近感と攻撃性の弱まりに関係しているのかもしれない。

デューク大学のブライアン・ヘアは、人間へのより大きな寛容さと良好なコミュニケーションとがイヌの家畜化の基礎となったという仮説を立ててきた。レイ・コッピンガーによって広められたのと似た考えである。(3) ブリジット・フォンホルトらの研究チームの遺伝子研究は、その寛容さとコミュニケーションがどのようにできるかを完全に見つけた。だが二種の動物間でこの種の絆を正確にどのように発展させたのかは、まだ謎のままである。

公平に見て、家畜化したと考えるすべての動物が人間とそうした絆を結べる深い能力があるわけではない。植物であるトマト、トウモロコシ、コムギは、全くその能力を持たないだろう。適正なパートナーや機会が与えられたわずかな動物だけが、そうした絆を発展させることができるようだ。だが植物は、他の種との感情の結びつきを基本的に持たない。私見だが、植物は耕作され、選択的に育種できるかもしれないが、人に慣らすことはできない。

イヌと人間は共に進化し、互いに慣れ合い、飼育と家畜の関係になった。これは、何を意味するのか？ それは、時と共にそれぞれは両者のコミュニケーションを強め、したがって共棲関係を促進するという方向に遺伝的に改良されてきたことを意味する。これが、共進化と言われるものなのだろう。私はそれを普通の身振り言語の発展と見ている。

# 第四章　一カ所でか、それとも二カ所で？

ヨーロッパでのヒトとイヌとの共進化の起こった可能性は、かなり分かりやすく、証拠によって十分に支持されるように見える。家畜化には少なくともイヌ科動物と人とが同じ場所で、同じ時に、同じ関心を持っていたことが必要である。だがそれは、完全につじつまが合う話というわけではない。話は、複雑なのである。同じ頃のアジアでの状況を考えてみよう。なぜならそこには、オオカミも人も両方ともいたのだ。

最初の家畜化の複雑性を解明しようとする一つの手段は、遺伝的研究が頼りだ。時には、これらの研究がかなり有益であった。また時には、かなり紛らわしくもあった。

最古のイヌの物語の中で、最も理解しにくく、貧弱な記録しかない要素は、二〇〇八年まで完全に未知であった。この年、化石骨から遺伝子を抽出して分析した結果、全く予期しないことが分かったのだ。五万年前頃、旧世界にいたのは、現生人類とネアンデルタール人だけではなかった。第三の、長く想定すらされたことのなかったヒト族（ホミニン＝ヒトの仲間）もいたのだ。この判断は、シベリア南部のアルタイ山脈中にあるデニーソヴァ洞窟というたった一カ所の遺跡から見つかったわずか一握りの化石の遺伝子分析にほぼ全面的に依拠している。一九七〇年代に始まった発掘調査以来、早期現生人類とネアンデルタール人に典型的な石器と装身具が、デニーソヴァ洞窟の様々な堆積層から見つかっていた。

これらの遺物は、早期現生人類とネアンデルタール人の両者が、様々な時期にこの洞窟に居住した証拠とみなされた。だが現生人類の骨そのものは見つからなかった。そして発掘調査の初期の頃の記録は、現代の基準に達していなかった。

しかし二〇〇八年、ノヴォシビルスクにあるロシア科学アカデミー所属のミハイル・シュンコフとアナトーリ・デレヴィヤンコによって続けられていた発掘調査で、ヒトに似た骨の最初のセットが姿を現した。さらにその一〇年後に、三本の歯、若齢個体の指骨の小破片、足指の骨、砕けた長骨という何の変哲もない破片が集まった。これは、哀れを催すほどのわずかな成果である。化石は明らかにヒトのものだったが、骨には特徴がなく、またどのヒト族のものかを科学者たちが言い当てるには全く不十分だった。[1]

シュンコフとデレヴィヤンコは、マックスプランク進化人類学研究所のスヴァンテ・ペーボとヨハネス・クラウス、そしてハーヴァード医科大学院のデイヴィッド・ライヒを含む当代トップクラスの遺伝学者グループに頼った。彼ら遺伝学者らは二本の歯からミトコンドリアDNAと核DNAを抽出することに成功した。古代のミトコンドリアDNAを、指の骨からミトコンドリアDNAサンプルは、五人の現代人（中国人一人、西アフリカ人一人、南アフリカ人一人、フランス人一人、パプア人一人）六個体のネアンデルタール人、そしてボノボ（ピグミーチンパンジー）、チンパンジー各一個体から採ったミトコンドリアDNAと比較された。それは、かなり控えめな数だが、広い領域にわたるサンプルである。しかしその結果は、衝撃的だった。新発見化石のミトコンドリアDNAは、現代人のものとも、またネアンデルタール人のそれとも、さらにはボノボやチンパンジーのミトコンドリアDNAとも一致しなかったのだ。指の骨から抽出された核DNAも、シベリア、アルタイから出土したネアンデルタール人ゲノムと一致しなかったし、五人の現代人の核のゲノムとも似ていなかった。五人の現代人のゲノムが現在生きている七八億人のものよりも適切な遺伝的特徴を十分にサンプリングしたと仮定するのは、危うい飛躍だ。だが研究チームは、その飛躍を行った。その一方、デニーソヴァ洞窟出土の足指の骨と長骨片のゲノム分析の結果、ネアンデルタール人のミトコンドリアDNAが検出された。

研究チームの発見は、デニーソヴァ洞窟出土の骨の一部は明らかにネアンデルタール人でもないし現代人でもなく、別のタイプのヒト族であることを物語っていた。それは誰で、何者なのか？(2)

この発見は、興味深い問題を提起した。誰も、シベリアで、全く新しい、完全に未知のヒト族の種を見つけるとは予期していなかったのだ。現実には二つの個体をそれぞれ異なる人類種に帰属させるためにはどれだけ遺伝的に違っていなければならないか、誰も本当には分かっていないし、同一種内の遺伝的な違いがどれだけあるかという適切な考えをもたらすのに、どれだけ多くのゲノムサンプルを集めたらよいのかも分からないのだ。その難問が起こるのは、解答にはどの種の遺伝子が必要とされるかにも一部依っているためだ。誰一人、この新しいヒト族の特有の解剖学的特徴について正式な記載――新種を命名するための基準の一部である任務――をすることができなかった。なぜなら二本の歯も指の骨も、それだけではいかなる明確な解剖学的特徴も見られなかったからだ。にもかかわらず遺伝学者たちは、自分たちの発見について確信していた。すなわち何か新しい物を手にしたことを。鳴り物入りで彼らは、これまで知られていなかった新種ヒト族の発見を発表した。ほとんど化石資料がなく、また分かっていることもさほどの情報をもたらしてくれないので、この未知のヒト族は、新しい、公式な分類学上の名称ではなく、デニーソヴァ人という愛称で呼ばれるようになった。
しかしデニーソヴァ人が新種だという仮定は、一握りの稀少なネアンデルタール人のゲノムとわずか五四人の現代人のミトコンドリアDNA、そして五人の現代人の核DNAゲノムだけの比較に基づくものであることを思い起こそう。比較サンプルは、絶対の自信を持ってそのような判断を下せるだけ十分に多いだろうか？　たぶん、おそらく多くはない。より多くのネアンデルタール人と現代人のサンプルがあれば、デニーソヴァ人は単に普通でないネアンデルタール人か例外的な現代人に過ぎないということも支持されるかもしれないのだ。
サンフランシスコ州立大のニッコロ・カルダラロは、これらの研究に対して、ネアンデルタール人とデニーソヴァ人のゲノムにはこれまで見落とされてきた大量の汚染と劣化があると、素直に自説を述べた。他にも、ネアンデルタール人のオリジナルのミトコンドリアDNA配列でも、現代人のミトコンドリアDNAによる一部汚染があると注意をした研究者もいた。カルダラロは、比較のために行ったデニーソヴァ人、現代人、ネアンデルタール人の各配列の不正確な配置がゲノム間の差異の間違い程度を大きくしたのだろうと推定する。彼の見方は、学界で広く受け入れられているわけではない。けれども化石から正確に古代ゲノムを抽出することの難しさ、したがって信頼性が欠如する可能性について、いくつか強く指摘しているのだ。[3]
もしネアンデルタール人、現代人、デニーソヴァ人との間の遺伝子の違いが多少とも正確に同定され、同時に種の違いを推定できるだけ強力なものでもあると慎重に仮定するのであれば、その違いは何を意味するのだろうか？　興味をそそることに、ネアンデルタール人もデニーソヴァ人も、洞窟内に骨格のうちのわずかな細片を残すだけだった。しかし現生人類は、何も残さなかったのだ。いつ「彼ら」は、洞窟にいたのか？　以前にデニーソヴァ洞窟の遺物に適用されたいくつかの年代測定法は、現代の汚染除去技術は用いられなかったため、洞窟内のサンプルの信頼性に疑わしさがあった。しかしオックスフォード放射性炭素加速器施設からやって来たトマス・ハイラムらのチームは、デニーソヴァ洞窟出土のネアンデルタール人四肢骨の新発見の破片の年代測定ばかりでなく、火で焼かれて、石器の切り傷の付いた何点かの獣骨——明らかにヒト族によって傷が付けられていた——の年代を再測定できた。新しい四肢骨標本は例外的に保存が良かったので、オックスフォードの研究陣は少なくとも五万年前、おそらくはそれより古いと言い切ることができた。（放射性炭素年代は、五万年前より古い遺物に対しては正確ではない。厳密な汚染除去法が用いられた場合でさえ、そうである。）年代測定を行えるだけのデニーソヴァ洞窟出土の現生人類の骨の破片は、ない。[4]

中国甘粛省夏河県の標高の高い洞窟から見つかった顎骨の一部も、デニーソヴァ人に由来するもののようだ。その化石は、ずっと前の一九八〇年にその洞窟に祈るために入った仏教僧によって発見されていたが、やっと二〇一〇年になって、古人類学者の注意を引くことになった。残念ながら、発見された時のその化石の正確な出土層は、不明だった。その古さは、化石にこびりついていたカーボナイトの外皮の分析に基づき一六万年前頃と推定された。その外皮は、化石が埋まった時に形成されたと仮定されたのだ。遺伝学者は化石からミトコンドリアDNAを抽出できなかったが、顎骨からコラーゲン蛋白質を抽出できた（コラーゲンは骨と歯の主要な蛋白質である）。そのコラーゲンは、デニーソヴァ人で見つかったものと似ている。したがって顎骨の古さもそれがどのヒト族に当たるかも、疑問の余地はあると言える。しかし夏河県顎骨の第二大臼歯は、二つでなく、三つの歯根を持っているように見える。それは、アメリカ先住民を含むアジア由来の人類集団で見られる特徴である。隣接する第一大臼歯は無くなっているが、死後に失われたものだ。その歯槽から、失われた第一大臼歯も三根性〔歯槽骨に埋まる歯根が三つあること〕だったと推定できる。(5)

G・リチャード・スコットらによって最近発表された論文で、疑問が湧き上がった。彼らの論文は、三根性大臼歯の特徴はアジア人の下顎の第一大臼歯では——第二大臼歯ではなく——高率に見られることだと指摘する。したがって夏河県下顎をデニーソヴァ人と結び付ける解剖学的所見は、当初思われたほど確実とは言い切れないだろう。(6)

もう一つの予期せぬ発見は、現代人の中にはなお一部のデニーソヴァ人の遺伝子、特にETAS—Iを持つ集団がいるというものだ。この遺伝子は、現生のチベット人に見られ、高い標高の土地に住むため低い酸素濃度に彼らが適応するのに役立っている。だがデニーソヴァ人の遺伝子は、南米のアマゾン先住民族の一部、チベット人、東ユーラシアの一部だけでなく、ニューギニア人、ブーゲンヴィル島民、オーストラリア先住民、東南アジア島嶼に住む人の数グループにも見られる。控えめに言っても、これはかなり奇妙な地理的分布である。この分布は、太平洋や幾つもの山脈を含む巨大な地理的障壁をまたいでいる。さらにデニーソヴァ人の遺伝子を持つと同定された現代の集団の中には、高い標高の土地に住んでいるわけではないグループもいる。したがってこれらの遺伝子の残存は、全く理解できない（デニーソヴァ洞窟も高い標高の地にあるというわけではない）。現代人がデニーソヴァ人の遺伝子を持っている場合、デニーソヴァ人は現代人と同一種ではないという主張を科学は支持できるのだろうか？(7)

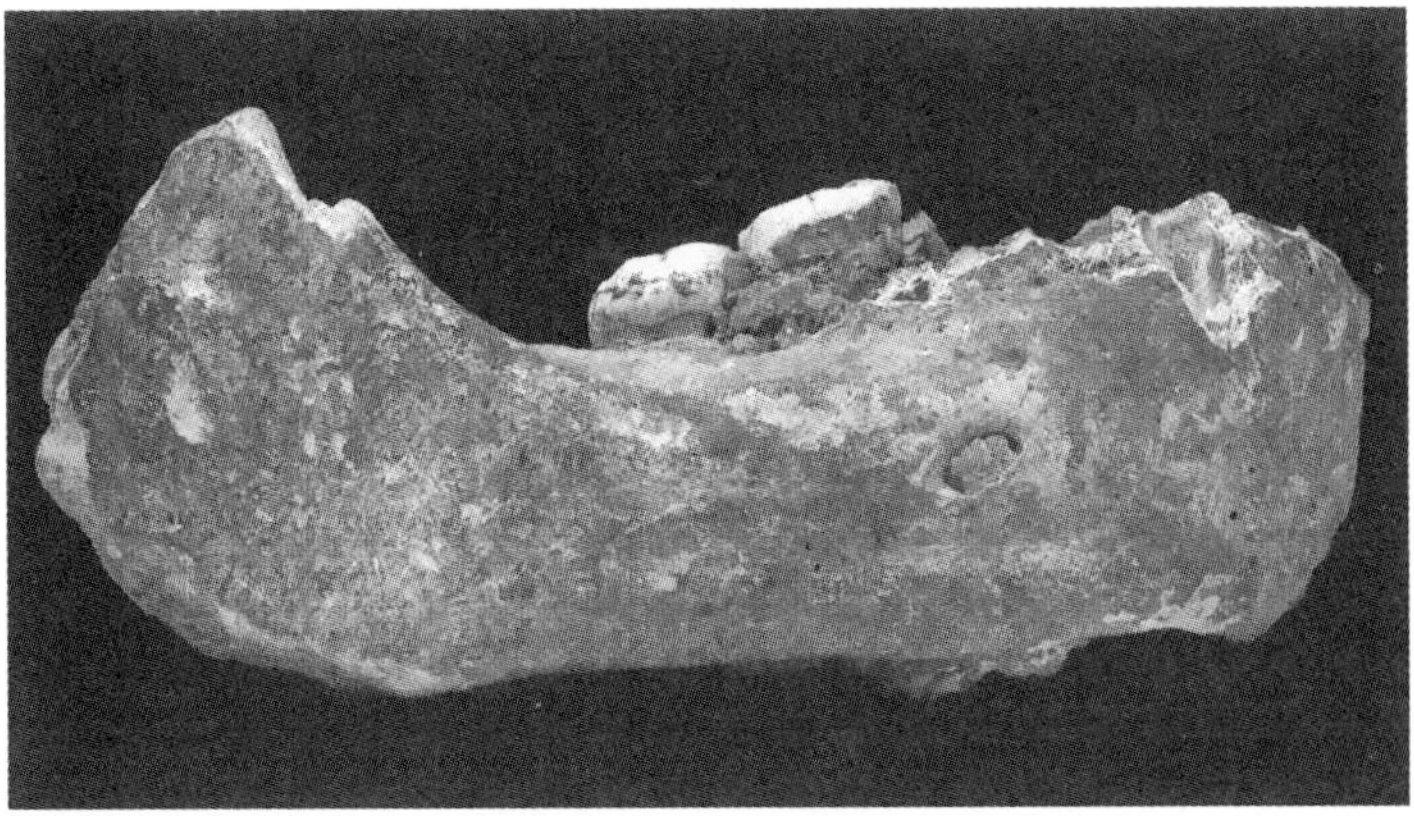

中国、夏河県のチベット高原に開口する白石崖溶洞（Baishiya Karst Cave）で、1980年に古い顎骨が発見された。しかし古人類学者の注意を引いたのはやっと2010年になってからだった。化石の蛋白質の分析からこの化石は、シベリアのデニーソヴァ洞窟出土の化石の一部と同じ種だと推定されている。それにより、この顎骨はシベリアの洞窟以外で見つかった唯一のデニーソヴァ人化石となっている。

素直に言って、五万年前頃に誰が住んでいたかを載せた分布図には困惑させられる。早期現生人類がアフリカの外に拡大していき、一部がネアンデルタール人と遭遇し、おそらくレヴァント地方で交雑しただろうことは分かっている。彼らが北のヨーロッパに拡散し、さらに東の北アジアに広がり続けた時も、ネアンデルタール人の遺伝子の数％を維持し続けた。彼らは北アジアではデニーソヴァ人とも出会い、交雑した。その後に一部の現生人類が、ネアンデルタール人遺伝子を持ちながらアフリカに逆戻りの移動をしたのも、ほぼ確かだ。前に考えられたことに反して、今では現代アフリカ人もほんのわずかな比率のネアンデルタール人遺伝子を確かに持っていることが分かっているからだ。他の現生人類は再び交雑し、さらに幾つかの遺伝子を持って、おそらくはベーリンジア陸橋――今よりも海水準が低かった時にアジアを北米と連結した、今は海没した領域――へと進んだ。このアメリカ大陸への拡散の間も、二、三のデニーソヴァ人遺伝子は保持された。大半の古人類学者は、この人類移動は古ければ三万〜二万年前頃に起こったと考えている。ただしこの点は、まだ論争中である。

デニーソヴァ人遺伝子は、現在の現代人にとつながる系統の大半から——だがすべてというわけではない——明らかに失われた。二〇一五年になされたペンフェイ・キンとマーク・ストーンキングの遺伝子解析の結果、様々な現代人の集団に見られるデニーソヴァ人遺伝子の程度は、ニューギニア人とオーストラリア先住民とは近い関係にあるが、オーストラリア先住民の祖先の比率よりもニューギニア人の祖先の比率の方により強く関連することが分かった。約八〇〇〇年前より前、ニューギニア島とオーストラリア大陸は、現在のようにトレス海峡に隔てられていたのではなく、陸橋によって陸続きとなっていた。大半のデニーソヴァ人遺伝子は、大オーストラリア大陸（ニューギニア島、オーストラリア、タスマニア島、そして近接する他の島々で構成されていた）と呼ばれる超大陸に到達し、その後にオーストラリアが今のような島大陸なったのだろうか？　それともデニーソヴァ人遺伝子は、東アジアからの植民によって大オーストラリア大陸に入ってきたのだろうか？(8)

それは、何を意味するのだろうか？　なぜより多くのデニーソヴァ人遺伝子がこのすべての交雑と移住によって運ばれなかったのか？　この発見は、確かに現在の分布図に基づく限り大半のデニーソヴァ人遺伝子が現生人類にとって有利であったわけではないこと、そして現生人類とデニーソヴァ人の交雑個体やネアンデルタール人とデニーソヴァ人の交雑個体はとりたてて多産であったわけではないことを推定させる。このことが、デニーソヴァ人遺伝子のキャリアを時と共に死に絶えさせたのだろう。

ミトコンドリアDNAから判断して、デニーソヴァ人は、ネアンデルタール人と現生人類とよりも、ネアンデルタール人との方に遺伝的に近かった。それから考えると、デニーソヴァ人は、ネアンデルタール人の姉妹グループだったが、互いに祖先・子孫ではなかった。過去の多数の異なる人類種は、かなりややこしい。

だがそれではデニーソヴァ人は、どの人類に起源を持っていたのだろうか？　これこそ、人類の移住の物語がじれったいほど不明瞭になっている点である。デニーソヴァ人は、一六万年前かもしれないチベット高原の僻遠の洞窟で見つかった、推定年代が正確とはとても言えない顎骨の一部を例外として、五万年前頃にシベリアに到達するまで不自然なほどに事実上、人類学者の目に留まらなかった。デニーソヴァ人は、五万年前より前にシベリア以外のどこかにいたに違いないのだが、それがどこだったかは分からない。もし彼らが中国のチベット高原にいたとしたら、夏河県の顎骨をデニーソヴァ人とした暫定的な認定は確かになるだろう。遺伝子で研究されただけの一握りの化石片は解剖学的に示されたものではないから、彼らの化石が記載されるまでは、五万年前よりも古い化石をどのようにしてデニーソヴァ人と認定したらよいのか、私たちには分からない。夏河県顎骨を分析することは、現代の技術では不可能である。ただ六万年前頃より古いアジアのヒト族の化石証拠はある。例えば中国の馬壩、許家窯（Xujiayao）、丁村（Dingcun）、金牛山（Jinniushan）などの遺跡から出土した化石だ。だがこれらの化石がデニーソヴァ人なのかそれとも別の旧人類なのかどうかは、分からない。

デニーソヴァ人遺伝子を持ったどこかの人類集団が、シベリアの洞窟から東南に移住し――化石と考古証拠はまだ見つかっていない――、さらにその四万五〇〇〇年後に、彼らはチベット高原に移住したのだ。家畜化されたヤクは、そうした居住環境に一年中定住するのに重要だと見られる。けれどもヤクは、五〇〇〇年前頃にやっと家畜化されたに過ぎない。ヤクの家畜化は、肉、乳、皮革、運搬や動力、毛皮、冷涼で厳しく木もろくに生えていない環境での燃料用の糞だけでなく、さらに多くのヤクの仔をもたらしてくれるので非常に重要である。ヤクが家畜化される前、人間は高原には夏季にしか住まず、一番寒く、しのぎにくい数カ月を、よりしのぎやすい河谷や低地に移動して過ごしただろう。さらに一部のデニーソヴァ人遺伝子は、現代チベット人が高高度の地に楽に住めるのにも役立った。そこの低い気圧は、十分な酸素量を血中に保持するのが低地よりも難しいからだ。現在までのところ、現代チベット人が血中酸素濃度という問題に対応するのを助けている同じ遺伝子は、中国の平地に住む漢族二人を除けば、調べられたサンプルからは他にはどこからも発見されていない[9]。

漢族中国人遺伝子は、国際的な共同成果「一〇〇〇ゲノム・プロジェクト」によってサンプリングされた。それは世界中から少なくとも一〇〇〇人をサンプリングすることによって人間の遺伝的多様性の包括的カタログを製作するために二〇〇八年にスタートしたものである。七八億人の中から一〇〇〇人のサンプルとは、微々たるもののように思える。だから結果として得られたデータベースは、多くの民族集団、例えばオーストラリア先住民、オセアニア諸島民、ニューギニア人などを除外してしまうのは避けられない。サンプリングされる多くの人類集団も、例えば漢族中国人二人のように、ごくごく少数の個人で代表されるだけである。サンプリングの課題はたぶん、なぜ一〇〇〇ゲノム・プロジェクトのデータベースで、デニーソヴァ人の遺伝子がチベット人よりも他のごく少数の個人に現れてくるかということだ。中国は二〇一七年現在、認知された五五三の民族グループで一三億八六〇〇万人の人口を擁していたから、デニーソヴァ人遺伝子はチベット高原の外に住む住民たちに少ないと確信を持って言い切る前に、もっと良いサンプリングが必要なのは明らかだ。[10]

それにしてもなぜデニーソヴァ人は、高い標高の地の遺伝子を持っていたのだろう？　デニーソヴァ洞窟は、デニーソヴァ人が住んでいたと断定できるほぼ唯一の場所であり、洞窟のあるのは高い標高の地ではない。ではなぜそれらの遺伝子は保存されたのか？　彼らがデニーソヴァ洞窟に住んでいた五万年前と彼らがヤクと共にチベット高原に移動したように見える五〇〇〇年前頃の間、どこに住んでいたのか？　夏河県下顎骨の示唆するように、仮にデニーソヴァ人が一六万年前にチベット高原に住んでいたのなら、彼らはヤクも飼っておらず、焚き火のための燃料に使える糞もなく、どのようにして生きていたのか？

高高度適応遺伝子は、一部のデニーソヴァ人遺伝子を持った現代人の祖先にとって役に立たなかっただろうし、有益でもなかっただろう。だからその現代人祖先は、ニューギニア、オーストラリア、ブーゲンヴィル島に進出し、そこに居住したのだ。また例えばフィリピンのママンワ族のようなオセアニアの特殊な集団も、デニーソヴァ人遺伝子を持っていた。デニーソヴァ人（と彼らの遺伝子）がシベリアから南と東へ移動した時、中央アジアには明らかにほとんど生き残りはいなかった。

答がまだ得られていないもう一つの謎は、最後に大オーストラリア大陸に行き着いた現代人はいったいどこでデニーソヴァ人遺伝子を獲得したのかということだ。インド南海岸沿いから現代のインドネシアまで、そしてそこから大オーストラリア大陸へという海路ルートがしばしば仮定されるのだが、それを支持する化石は皆無に近い。（代わりの他のルートもない。）人が大オーストラリア大陸には舟でしか渡れなかったことは分かっている。そのことは、最初のオーストラリア人が内陸部の集団ではなく、沿岸部の個体群に由来した可能性を高める。想定されるすべてのルートは、アジア（スンダ）から大オーストラリア大陸の間に横たわる生物地理帯であるウォーレシアの海の突破を必要とする。ただ残念ながら、ウォーレシアには考古遺跡はほとんどない[11]。

ウォーレシアを渡海してオーストラリアに向かうには様々なルートが推定されているが、（そうした人間にとって）最小限のコストを見積もった最近の推算から、海水準が低かった時に出現したり、最大化したりした（スラウェシ島を含む）島伝いに横断していく、北側ルートと呼ばれる海路への実質的な支持が得られている。大オーストラリア大陸への最も有力と考えられる上陸地は、現在のニューギニア島の西側、当時はサフル大陸の一部で最西端にあるミソール島である。シモーナ・キーリー、ジュリーン・ルイス、スー・オコーナーの論文によると、

より短くてすむ航海距離と、航海中もずっと陸地を視認できる必要性を組み合わせて考えると、あらゆる想定されたシナリオの中で、このルートが最も可能性が高い選択肢のように思われる。ただ、中間の島々とサフル大陸まで航海するために最初のウォーレシアの植民者たちによって、これ以外のルートが用いられた可能性を排除するわけではない。それでも我々が提示するモデルは、スラウェシ島からオビ諸島ないしはセラム島を経て、ニューギニア島の「鳥の頭」（すなわちミソール島）近くを上陸地とする北側ルートが、検証した様々な候補ルートに基づく限り、最も容易で、したがってウォーレシアを通ってサフル大陸上陸までに採られた最古のルートだったと推定されるのである[12]。

それよりずっと後に、別の集団が北アジアからベーリンジア陸橋を通ってアメリカ大陸に渡った。彼らもデニーソヴァ人遺伝子を持っていた。それからその遺伝子は、さらに南に流れ、南米へと受け渡されたかもしれない。その移動途中に、（目に見えない証拠である）遺伝的な痕跡を残さなかった。このことは、デニーソヴァ人そのものがはるかアメリカ大陸まで移動したことを必ずしも意味しない。彼らはおそらくアメリカ大陸にまで行かなかった。遺伝子は、一連の集団の間での土地土地での交雑という長い鎖を経て「移動」できる。新しい証拠が見つかるまで、それが私にとって最も可能性の高い説明のように思える。

異なったヒト族との交雑とその移動などについては不明な点が多いが、一つの事だけは確かだと言い切れる。五万年前頃のヨーロッパとアジアには、古代型人類だけでなく、オオカミも現生人類もいたのだ。オオカミの最初のイヌへという家畜化は、この両地域のどちらか、あるいは両方で起こり得たのだ。

だが、その実態は？

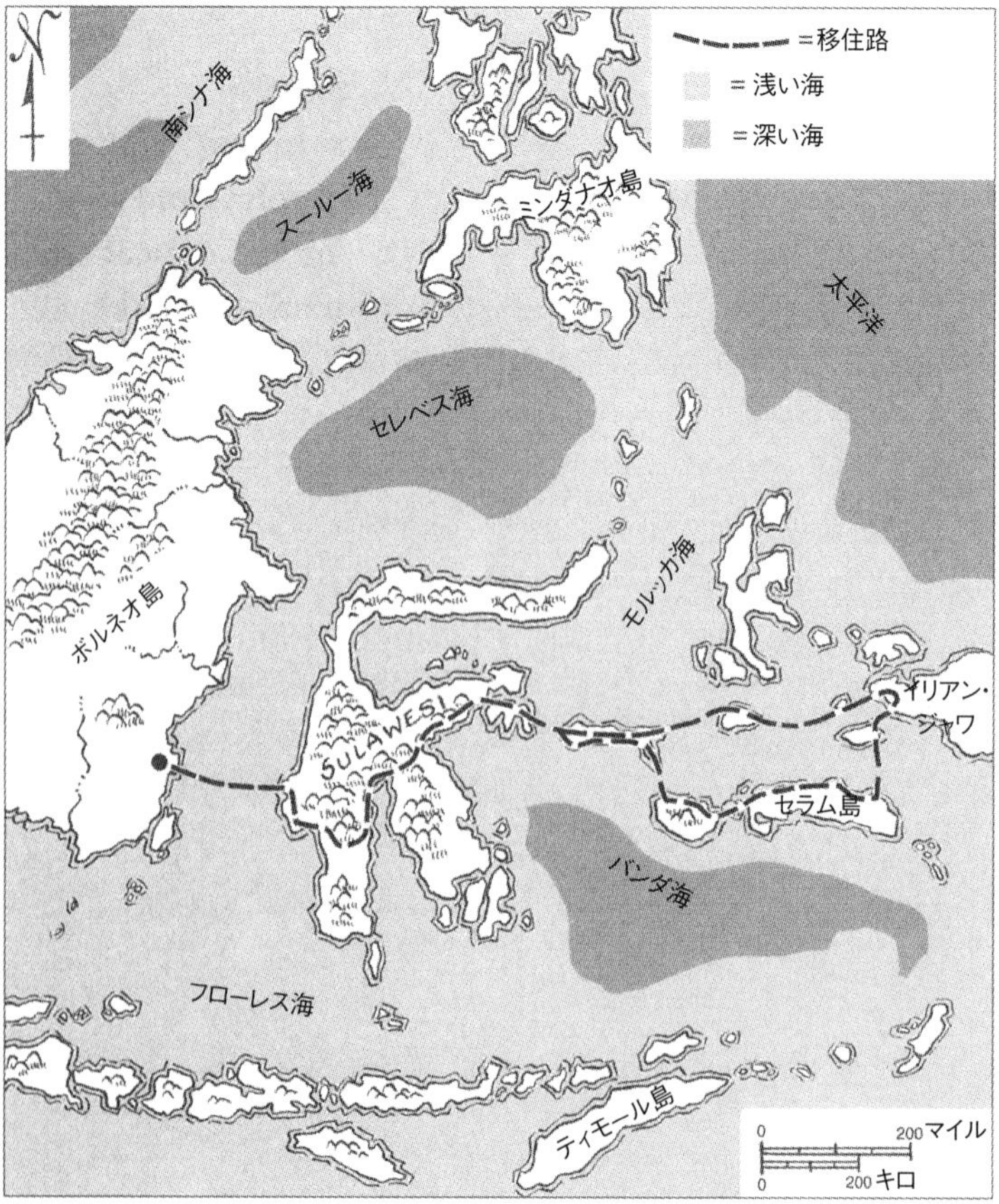


大オーストラリア大陸に到達するために、太古の現生人類は、ウォーレシアの様々な海を渡らなければならなかった。島が見えること、海面の上昇と低下、水深・海底地形に関する情報を組み入れたモデル作りによって、北側ルートを強く示唆する古代地理をここに示した。

# 第五章　家畜化とは何か？

最初のイヌが進化したのはアジアかヨーロッパかという謎に答えるために、いったん戻って、家畜化について、きちんとした定義をしておく必要がある。「家畜化」は、具体的で非常にはっきりした意味がある。この用語は、ラテン語の「住居」とか「家」を意味する「ドムス（*domus*）」から来ている。最も広い意味では、家畜化とは家族の一員であるように、そして親しく暮らすために、動物をドムスで暮らすのに適するように、あるいは従順であるようにする過程である（植物の場合は、「栽培」という用語を使うが）。

一般的感覚でさえ、家畜化・栽培化の正確な意味は、定義が難しい。植物は栽培化されるのか？　確かに植物の中には、人による栽培化と呼ばれる物、入念な配慮と耕作、時には受粉を必要とする物、また逆に望ましい性質を持たせるために人間の選択を通して遺伝的に改変されたと言われる物が存在する。ただ私は、ごく最近の、植物を変える遺伝子工学の過程について話しているわけではない。これらの遺伝子改変作物は、例えばダイズのようなGMO（遺伝子組み換え作物）として知られている。

個体の選択は、狩猟民、植物採集民、収集民、菜園者、農耕民たちによって、実験室ではなく、昔ながらのやり方での様々な種の育種家たちによって数千年間もなされてきた。例えば白い縞を持ったスミレをお望みなら、どうしたらよいか？　白い縞をちょっとでも持ったスミレの種子を育てようとすればよい。そうでないスミレは引き抜いて捨てる。ついに最後にはいつも白い縞の入ったスミレを手にするだろう。

選択、すなわち最も望ましい植物——例えば特別の条件下で高収量の食糧を生産する植物——を選ぶことの一般的な原理は理解できるが、選択の実践はどこか逆説的でもある。果実や種子、塊茎を豊富に生産する個々の植物は、人が食べたいと最も望むものである。そしてそれはまさに次の作付けシーズンに備えて残しておかねばならないものでもある。どちらが一番実践的な戦略だろうか？　なぜ人は最高の種子を残し始めたのか？　それは、扱いにくい難問である。故ブライアン・ハッセが初期の栽培家畜化研究で賢明にも観察したように、食糧が不足し、飢えてもいた人々は、翌シーズンや翌年に食糧を残しておかない。彼らは、翌週まで何とか生きようとするだけだ[1]。

だから次の日のために種子を残しておく習慣は、比較的、豊作だった時に始まったに違いない。その時は、遠い将来のために一部を保存するのに十分なほど食糧は豊富にあった。このことは、栽培化のための誘引は安定した食糧供給を確保するためではないことを暗示する。栽培化の最初の過程に取りかかるのは、人が既に十分な食糧を確保している場合に限り筋が通るからである。植物栽培とは、結局のところ植物種を改良するということのように思われる。だが植物が人を見るのを喜んだり、子どもたちと共に上手に遊んだりするなどと、人が気にかけることはありえない。

そのうえ厳密に言えば、栽培植物——作物——は、正確には人とも住居とも共に暮らさない。事実、木の実や果実のような栽培植物の中には木の上で実り、大半は日光を必要とするものもあるから、室内ではおそらく生きられないだろう。確かに栽培植物は、いかなる点でも現実の家族の生活に加わらない。

ただし栽培植物の必要性とその位置が、人の季節の活動と一日の活動、集落の立地を構成するかもしれない。栽培植物は、家族には加わらないが、作物と栽培植物を耕す人たちの間には、奇妙な種類の距離を持った親しみがある。

植物の栽培化を熟考すればするほど、植物を「栽培する」という概念が曖昧になってくる。一番最初の農耕民や園耕民は、再生産や遺伝などの仕組みをほとんど知らなかった。特別な植物個体とかけあわせ、より大粒の穀粒、果汁に富んだ甘い果実、弾けない種子の頭（それが収穫を容易にする）、炭水化物に富んだ塊茎を創り出すには、特別な植物個体をどのようにしたら入手できるかいったことは分からなかったはずだ。栽培する植物は、個々の植物のどれが最も人なつこく、人に対して最も攻撃的でないかを学ぶという問題ではなかったのだ。それでも時とともに、知の集積が進み、時には幸運にも恵まれ、人は植物の遺伝をある程度変える仕方を見つけ出し、それまでより好ましい成果を得られるようになった。この発見は、しばしば新石器革命とか農耕の夜明けと呼ばれる。それは、一万一〇〇〇年前頃に起こったと広く考えられている。食糧を育てるという組織的なシステムとしての農耕は、毎日の食物を得るために伝統的な狩猟、採集、収集で暮らしていた少なくとも一部の人々――土地に縛られない遊動生活を送っていた人々――を変え、より定住的な農耕民に転換させ、農地と村と住居に縛り付けるようになったのだ。[2]

新石器革命は、初めは必ずしもウィン‐ウィンの提案というわけではなかった。いくつかの研究で明らかになったことだが、初期の農耕民は、全般的な健康の悪化を体験することになった。彼らの食生活は、しばしばごく少数の種類の主食に依存した単調なものだったからだ。以前よりバラエティーの乏しくなった主食に依存するというのは、そうした人々が、例えば多すぎる雨量や少なすぎる降水量、暑すぎたり寒すぎたりする気候、短くなりすぎた実りの季節などのような、ありふれた天候の変動に昔よりも脆弱になったということだ。もちろん栽培植物の病気もあった。全部の畑が単一の作物を作付けされていた場合、その病気は簡単に広がった。穀物を育てることは、人々を以前よりも恒久的な村落で生活させることでもある。それは、公衆衛生、水の供給、人が密集して起こる疾病という問題を悪化させた。農耕は、狩猟や食物収集の時よりも高い密度で暮らす多くの人口を支えはしたが、それはまた伝染病や寄生虫の拡大、そして凶作の時の飢餓という繰り返される悲劇に好都合の環境をもたらしたのである。

それから、戦争も始まった。遊動生活を送る食糧収集民や狩猟民の間なら、いざこざは、あるグループが別のグループと別れることでしばしば収められた。しかし畑を整地し、柵で囲い、穀物を作付けして世話をし、収穫物の貯蔵施設を造るのは、たくさんの労働が必要で、したがって人々はそれを守るために自らの土地を防御し始めた。あるいはまた、運悪く自分たちの作物の収穫に失敗した時は、他のグループの土地の襲撃を始めた。翌年の播種用の穀物や冬季のために蓄えた根菜類といった余剰食糧は、襲撃によって盗まれる可能性が出てきた。作付けを終えたり穀物育成中だったりの畑や食糧の蓄えを放棄することは、大きな犠牲を払う判断である。狩猟生活で単に獲物が乏しくなるか義理の兄弟がうっとおしくなった時に狩りを別の土地で行うようにすることよりも、はるかにリスキーと言えるのだ。

現在分かっているところでは、植物の栽培は、一万一〇〇〇年前頃に中東でイチジク、エンマーコムギ、亜麻、エンドウで始まった。同じ頃、アジアではアワの栽培が始まった。いったいこのことはどのようにして分かるのか？　特殊な条件下で植物遺存体が保存されていたことから、それが推定できるのだ。種子は保存されやすく、時には実際に保存されていた。多くの植物の可食部には、澱粉粒と植物珪酸体も含まれている。植物珪酸体は、葉や幹よりも腐朽に耐えられる極小のシリカ構造物である。それが見つかったら、それを使って、過去に利用された植物を同定できる。放射性炭素年代測定法のような技術は、これらのあった時代を考古学者に教えてくれる。

歴史的には植物の栽培化は動物の家畜化よりも早かった、としばしば考えられた。だが現代の科学は、この考えは疑いなく間違いだと教えてくれる。前記の考えが正しいという論理的な理由もない。栽培化された作物の特質とそれに必要なことは、狩猟採集された食物のそれとはかなり異なる。コムギの育て方を知ることは、ブタの世話をするのにほとんど何も参考にならない。畑と同じように、特に獲物が豊富にある土地は、よそ者に侵入されやすく、守る価値がある。しかし多くの狩猟採集民や食料収集民は遊動生活者であり、その制約から低い人口密度で暮らしていた。一カ所に長く留まり続ければ、その土地の獲物の密度を低下させたからだ。農耕民は将来に備えて穀物を貯蔵し、極端な寒冷環境では肉を凍結させて保存できるのに対し、狩猟民は温帯や熱帯の気候では獲った肉を長くは蓄えられない。時がたつにつれ、穀物は動物の獲物よりも盗難の被害に遭いやすくなっていった。

動物の家畜化は、別の問題も伴う。家畜は、狩猟されたものではない。確かに家畜は、いつも閉じ込められているわけではなく、放し飼いということもある。それでも家畜は、立ち上がろうともしないし新しい場所に移動しようともしない作付けされた畑、穀物の貯蔵庫、芋の山よりも、はるかに容易に新しい所に移動させることができる。そうした家畜は、家財を移動する必要がある時は、それらを運搬するのに利用できる可能性もある。家畜を移動させることとは、植物性食糧を動かすこととは全く違う問題なのである。

それでは、植物の場合と動物の場合の両方を記述するのに「栽培植物・家畜」（*domesticates*）という同一の言葉、動植物が栽培家畜化される過程を述べるのに「栽培家畜化」（*domestication*）という単一の単語を、なぜ用いるのか？　それは、時代後れの考えと誤った仮定に基づいた大きな間違いだと私は思う。私は、単一の過程があったとは決して思っていない。私が言いたいのは、栽培家畜化の起源となったと思われる野生種の本性が根本的に違っているので、植物の栽培化と動物の家畜化も根本的に異なっているということだ。動物が家畜化されるとしたら、その動物は一部個体が人にとって望ましい性質をもたらす生来の遺伝的多様性を持つだけでなく、その動物はある程度、人に協調的でもあるに違いない。うまくいくものなら、動物は家畜化を選ぶ。植物はそうではない。動物のように栽培化の過程では、人間によって選択されるだけの遺伝的多様性を持つ必要がある。しかし植物は、人間のために育つか育たないかを、意思をもって決めはしない。動物は、人間と協力するかどうかを決めているに違いない。

動物家畜化について影響力の大きな科学的議論は、一九世紀のチャールズ・ダーウィンとその従兄弟のフランシス・ガルトンの時代に始まった。その時代、農業が生計を得る主たる仕事だった。農場は一家族によって耕作される小農地か、しばしば土地そのものに縛られて地主に雇われた人々によって耕される貴族階級の所有土地や大農園だった。

一八六五年、ガルトンは、家畜化に適する動物の核心的特質を先見的出版で次のように特定した。

1　その動物は、忍耐強い必要がある（だから囚われの状態でも生きられる）。

2　その動物は、人間に対して先天的に好意的である必要がある。
3　その動物は、快適さを愛好する必要がある。
4　その動物は、（自らを家畜にすると考える）野蛮人の目に有益だと分かる必要がある。
5　その動物は、何の制限も受けずに交配できる必要がある。
6　その動物は、群居性の必要がある。(3)

家畜化の過程は最も望ましい個体を長時間かけて選択することによって起こった、と彼は思い描いた。それは、最良だと考えられる特性の継承によって受け継がれると考えた。したがって、

どの群れにもいる、どうしようもないほどの野性的な個体は逃げてしまい、完全に群れからいなくなるだろう。群れに留まる動物の中でもやや野性的な個体は、群れの中で人が一頭だけ殺す必要がある時はいつでも、解体処理のために確実に選ばれるだろう。一番人なつこい個体――めったに逃げたりはせず、群れといつも一緒にいて、群れを柵内に先導する個体――は、他のどの個体よりもずっと長く生かされてそばに置かれるだろう。まず第一に家畜の親になり、将来の群れにとって家畜としての性質を後世に伝えるのは、したがってこれらの個体である。(4)

特に「人間に対して先天的に好意を持つ」という条項が、私には気に入っている。私の考えるそれは、クライヴ・ウェインの言う「愛」とブライアン・ヘアの言う「親近感（friendliness）」と同じ特質であ

る。家畜化に適した動物とは、本来は恐ろしくもなく、人を警戒する動物ではない。ガルトンは、この家畜化の過程は予め考えていた狙いを達成するために意図されたのではなく、幾度とない様々な偶然の成功の中で起こったものだということも強調した。時を重ねるうちに、好ましくない特質を持った個体の世話をする失敗とそうした個体の殺処分を繰り返し、やがて群れの中に重要な遺伝的変化が生み出されるだろう。

遺伝のメカニズムを何一つ知らなかったにもかかわらず、ガルトンと彼の跡を受け継いだダーウィンは、家畜化と育種に影響を及ぼす多くの重要な要因を特定した。一八六八年の著書『栽培家畜化の下での動物と植物の変化（*The Variation of Animals and Plants Under Domestication*）』で、ダーウィンは、無意識での選別、すなわち「誰もが最良の動物一頭を所有して交配させるようとすることに由来する」[5]選別と「その土地のどれよりも優れた新しい血統や亜品種を作ろうとして、目で見てすぐにそれと分かる目的物を」狙う体系的な選択とを注意深く区別した。彼の論点は、種を長期的に改良しようとするあらかじめ考えた意図の無かった個体の選択は、栽培家畜化における最も確かな最初のステップだということだ。私も、同意する。

動物の家畜化に取りかかった最初の人は、その結果を予見できた可能性は全くなかった。ガルトンが述べたように、少なくとも最初の家畜化は、明確な目的を念頭に置いてなされたとは考えにくいのだ。現代の諸民族の中でも、イヌを伴っての狩りはイヌのいない狩りよりも成功率が高いことはしばしば実証されているが、オオカミのイヌへという家畜化が初めてなされた時も、その状況が想定されることもイメージされることもあり得なかった。イヌは狩りを目的にそれに役立て「ようとして」家畜化されたのか、それとも別の問題なのかどうか。ガルトンとダーウィンは家畜化について考える現代の大半の学者とほぼ同意見だが、それでも二人とも、家畜化のモデルとして、イヌやネコではなく、ヒツジやウシなどの有用家畜を明らかに想定していた。家畜化に好ましい特質に関して先に引用した一節で、ガルトンは特にはっきりとウシについて言及している。[6]

ヒツジやウシなどの有用家畜が家畜動物の核心で、それが典型のように思えるだろうが、ヒツジやウシが初めて家畜化された動物ではない。イヌこそが、それだった。これは、最初のイヌが人間にとって非常に重要だったからだ。あらゆる時代を見ても、これまで肉食動物はたった二種（イヌとネコ）しか家畜化されなかった。他方、草食動物は少なくとも十数種が家畜化された。ブタ、ヒツジ、ヤギ、リャマ、モルモット、ウサギ、ラクダ、ウシ、ヤク、ウマ、ロバ、ニワトリなどだ。イヌは他より数千、数万年先がけて家畜化された最古の動物である。ネコは、イヌよりはるかに遅れて家畜化され、しかも人が穀物を栽培し、貯蔵を始めた後に主に自己家畜化されたものらしい。穀物を襲っていたネズミを、ネコが捕食していたのだ。ヒツジやウシなどの有用家畜を、家畜化の原型として使う論理的根拠は無い。おそらくこの誤解は、私たち人間と最も親しく暮らしているイヌとネコの二種は有用家畜とは全く違うと無意識のうちにみなされているために起こったのだろう。多くの国でイヌとネコを家族の一部――実際の人間ではないとしても人に近い存在――と考える記録は、ふんだんにある。ネコとイヌは、バースデーカードとバースデーケーキ、ハロウィーンの衣装、玩具、特別のベッド、おやつ、セーター、ブーツなどを受け取っている。ある意味で、多くのイヌとネコは、家畜化の過程で結果として「人」になったが、他方で他の動物家畜は、動物のままである。事実、イヌを人として扱う、少なくとも九〇〇〇年

は遡る感動的な歴史がある。(7)

イヌは最古の家畜だったばかりではない。イヌは、人間が住んでいるすべての場所で暮らしているから、現在では地球上で最も広い範囲で飼われる家畜であることは間違いない。(様々な寄生虫や家ネズミのような種もイヌのように広範囲に広がっており、たぶんそれらはイヌよりも古い付き合いだったと言えるかもしれない。しかし寄生者と宿主の組み合わせと親密さは、イヌと人とのそれとはかなり違っている。私たちはそれと意識して決して寄生者の面倒を見ないし、そいつらの健康と生存を保障するための措置を講じたりはしない。)

興味をそそられるのは、家畜化について考察した一九世紀の学者でさえ野生動物を馴らすことと野生動物を家畜化することとの間の違いをはっきりと理解し、この違いを家畜化そのものの過程によってもたらされた諸変化の結果だと考えていたことだ。しかし二〇世紀になっても依然として家畜化は、農耕による生活様式をはっきりと取り込んだ文明の基礎とみなされていた。私は、この見方は、少なくとも一部はヨーロッパ中心思考に基づいているのでは、と疑っている。文明とは、例えば恒久的な集落で暮らす、ある種の統治形態を発展させる、織物や土器のような「高級品」を発達させる、「専業化された労働……(そして)宗教的、祭祀的な信仰と実践」、中でも日々十分な食物を得ることが時間を消費する活動とならないような余剰の蓄積とかの諸慣行の明確な表示であった。これは、ともかくも文明化されたヨーロッパ人の考え方だった。

ごく最近まで、狩猟採集民の生活様式から農耕民と牧畜民のそれへの移行には、植物の栽培化とそれと同時に起こった農業の始まりが必要だったと考えられていた。古い物語は以下のように語られた。すなわち人間は穀物を栽培し、畑に作付けし、世話をし、農産物や穀物を実らせ、それから有用な動物を家畜化し、収穫を終えた畑の、普通なら役に立たない切り株などを食べさせた。その後、家畜を畑の鋤耕や産物の運搬の動力や乳と皮革の供給源として使い、さらに多くの家畜を産ませて、ついに有用時期の終わりが来ると、食用にしたのだろう、と。(8)

残念ながらこの「自明の」はずの出来事の連鎖は、歴史を見れば正確ではない。動物家畜化は植物の栽培化に先行したし、食糧の不安定状態に対処するために家畜化が始められたのではないことも明らかとなった。より多くの食物と肉の獲得が確実に見込め、食物が差し迫って必要なら、後の世代での狩りの協同を期待したりして、誰一人として有用家畜と別の肉食動物（イヌ科）を受け入れ、餌をやり、世話をして、繁殖させようとはしなかっただろう。住まいの小屋の後ろの囲い場で飼われる歩く食糧貯蔵庫のためと期待して、誰もオオカミの家畜化を始めようとは考えもしなかっただろう。(9)

二〇世紀になり、家畜化の歴史を知るうえでの多くの事実が発見されたことで、考古学者たちの家畜化の理解は進んだ。それと同時に家畜化の定義も、狭まった。一九六八年に開催された重要な会議で、ハンガリーの考古学者サンドル・ベケニィは、家畜化の「必須の基準」を「人間が飼育した状態での動物の繁殖、あるいはもっと正確には人為的な条件下での人間による動物の繁殖」と明確に述べた。家畜化の先駆けは、とベケニィは次のように強く主張している。動物の管理、すなわち動物の給餌や再生産に人が完全には責任を負わずに動物を手元に置くことだ、と。彼は正しい、と私は思う。(10)

家畜化に伴う遺伝的な変化の重視、そしてこうした変化がどのように起こったのかが、現在の議論の特徴となっている。その議論では、遺伝学の研究がしばしば証拠の重要ラインとなっている。確かに家畜化によって起こった遺伝的な変化は、人と動物との間の短期的関係――馴致、共同生活、飼育――と家畜化そのものとを識別するのに極めて重要である。

しかし繁殖の管理制御と家畜化の遺伝的結果を、重視しすぎるべきではない。例えば、家畜化研究の指導者であるスミソニアン研究所のメリンダ・ゼーダーは、次に挙げる定義を提示している。

家畜化とは、長期間続く、多世代に及ぶ、共生的関係である。その関係では、興味のある資源の予測可能な供給が保障されるように、ある動物が別の動物の再生産と世話にかなりの程度に影響を及ぼすと想定される。そしてその関係を通して、パートナーとなった動物は、この関係の外側にいたままの個体よりも優位性を得る。それによって、家畜飼育者と対象の家畜の双方が利益を増し、しばしば適応度を高めるのだ。(11)

私はゼーダーの定義に、満足していない。他の動物の再生産と世話に及ぼす影響がいつ「かなりの程度に」なったのかを評価するのは大変難しいからだ。先史時代の家畜化の目的を決めるのが不可能なことはもちろんだ。家畜化が文字記録の残される以前に起こったのだとしたら、その「理由」を推論するのは相当に難しい。少なくとも私は、意図的になされることが家畜化の過程の必須要素とは思わない。

しかしゼーダーは、相互に利益をもたらさずに家畜化が起こった可能性は全く無い、と当然のことながら強調している。片利共生関係は普通は、家畜の可能性のありそうな動物の一部の行動上の特性のために家畜化を推し進めることは、決してない。例えばガゼルとシカは、繰り返し人に馴致されてきたが、いずれもうまく家畜化が進まなかった。両方の動物とも、捕らえられるとパニックになりがちで、したがってずっと「farouche」――油断を見せない、野性的な、恥ずかしがり屋、などの意味のかなり魅力的なフランス語――だとレッテルを貼られてきたのだ。

相互利益がある時は、ゼーダーは家畜化への片利共生的な進路を認める。その場合、二種の動物は恒常的に協力し、親密な関係を発展させるという。片利共生的な道は、例えば食べ物の残り物のような人間によって変えられた居住地に関係することに、対象となる動物が引き寄せられるため、通常は始まる。二種の動物の間に相互の協力関係が発展するのは、その後に過ぎない。イヌは、グレガー・ラーソンとドリアン・フラーが「典型的な片利共生の道をたどった動物」と呼ぶものだ。私たち人間と将来のイヌには、重要な共通点があった。狩りである。[12]

家畜化への代わりの、もしくは第二の潜在的な道は、ゼーダーが獲物や捕獲の道と呼ぶものだ。その道は、対象とする動物を管理することで、より多くの食物やもっと頼れる食料源を得ようとした人々によって開始された。ただ私が以前に指摘したように、この見解の弱点は、食物の不足する人々が種子の節約に乗り出したり、仔が成熟して翌年にさらに仔を産むまで動物の仔を殺すのを猶予したりしそうもないことだ。

ゼーダーは、第三の道のあることも認めている。それが、ある動物を家畜化しようとする人間の意思を伴うので、彼女が方向性を持った道と呼ぶものだ。明らかに第二と第三の道は、片利共生の道が何か別の動物で成功した後にようやく起こりそうである。最初の動物の家畜化――オオカミからイヌへ――は、ある意思のもとになされたものではありえない。

これまで見てきたことは、家畜化への行動上の適応と動物遺存体に見られる考古学的効果である。では、家畜化の異なった類型を識別できるものだろうか？　家畜化とは、連続したつながり、長期に及ぶ過程で、単発の出来事ではない、と広く同意されている。必須である最初の段階として、野生種の個体が普通よりあまり怖がらず、人を警戒しなくなる必要がある。サンドル・ベケニィは、これは動物の飼育や管理の実践によって引き起こされた順応と適応の結果だと主張する。ことわざに言うように、親しみは侮りを生まないが、過剰反応を低下させ、恐怖感を弱めるのだ。科学的には、おそらくは人間と家畜になり得る動物の両方で、コルチゾール、アドレナリン、その他の「闘争か逃走」ホルモンのレベル低下として現れる。カナダ、ヴィクトリア大学の進化生物学者のスーザン・クロックフォードは、ホルモン・レベルの元々の変異が、どの動物個体——この場合はオオカミ——が家畜化に従順だったかを決定する主要な要因だったと説く[13]。

この家畜化過程と過剰反応と恐怖感の低減を観察できるもう一つの方法は、異種動物間の意思疎通、つまり二種間で使われる一種の身振り言語という効果的なシステムを発展させるスタートの切られた初期の結果だとそれをみなすことだ。私の思い付く最高のアナロジーは、クリオール語やピジン言語である。それは、二種以上の異なる文化を橋渡しするために用いられる、試行錯誤の末に二つの民族間で発展した交易や意思伝達システムである。それぞれの側の行動が相手方によく理解され、予測できるようになると、両者は行動を表す相互的な言語を発展させ始める。この発展こそが、しばしば恐怖感と攻撃性を弱めるのだ。別の動物や別の文化と共に過ごすことは、基本原則が暗に取り決められた時に、緊張を弱め、より有益になる。両者に利益をもたらす共生関係を確立できるのだ。

この見方は、家畜化の過程を特殊な行動のセットで、共に関与することへの二種間の同意として理解することに拠っている。アルバータ大学の考古学者でシベリア文化の専門家であるロバート・ロージーは最近、同僚との共同研究で、家畜化過程に関して他とは微妙に異なる見通しを提示した。家畜化は本来は遺伝的でも形態的でもない、とロージーは言う。家畜化とは、「エンスキルメント（*enskilment*）」に至る、反復された共有し合う行動の過程だという。ここで言うエンスキルメントとは、それとその関連した行動と目的になじむようになるまで、何度も何度も繰り返してそれに加わることによって、課題や行動をいかにして実行するかを学ぶ過程のことである。例として、彼は以下に記すような人を思い起こさせる。

動物に接したり、巧みに扱ったり、餌をやったり、世話したりするやり方を知らない人。荷を牽引したり、畑を鋤耕したりといった仕事で動物とうまく協同作業はもちろん、そうした動物の繁殖を管理するのが難しい人。動物たちの方も、家畜になってエンスキルされるようになる。動物たちは、人間の性向、餌のくれ方、身振り、音声によるコミュニケーション、さらには人間の匂いや声さえも知るようになる。[14]

通常はこの関係は、人間と同じ場所で、人間によって厳しく管理され（しばしば大きく変えられた）場所で動物が暮らすことが必要となると仮定される。事実、動物は人間の世界の方向に動き、そこに適応する。そうすることによる利益は魅力的だし、有利だからだ。ロージーらが述べているように、これは、この話の一部にすぎない。人間は、オオカミと協力してオオカミ同様にエンスキルされるに違いない。

さもないと全努力が失敗に終わるだろうからだ。要するに家畜化とはそうした重要な倫理的価値観と二種間に強い絆を創り上げられる行動を見つけ、探求する過程である[15]。

例えば人の集団と片利共生的に暮らしてきたオオカミは、人間が受容でき、利益を受けられる仕方での行動が難しすぎない限り、暖かな環境や他の肉食獣からの保護、人間のやり方に順応する面倒さに見合うだけの食物の残り物を得られるだろう、とこれまでよく推定されてきた。ただ私は、オオカミにとって暖を享受できるメリットにはやや懐疑的である。野生では、オオカミは寒さに十分に適応しているからだ。しかしオオカミやオオカミ・イヌを抱いて暖を取るのは、体毛の無い人間にとっては実際に利益のあったことかもしれない。さらにオオカミは、縄張り意識が高く、自らの縄張りや仕留めた肉を守る時は攻撃的である。他の肉食獣や見知らぬ人間たちが近づいてきた時のオオカミのうなり声は、特に女や子どもにとって、重要な安全保護策となったかもしれない。したがって協力して敵などから身を守る時のオオカミと人間の存在は、両者にとって大きな利益のあるものだろう。オオカミは、ほとんど人間よりも侵入者や不審者に対して警戒心が強く、危険と思われるものには人よりも早く反応する。一方で人間は、外からやって来る挑戦者を追い払うのに役立つはずの火と狩猟具を持っている[16]。

狩りにおいてはオオカミの優れた嗅覚と聴覚は、獲物となりそうな草食獣の素早い探知に役立ち、オオカミの快足は獲物を追跡し、疲れさせることが可能だ。またオオカミの獰猛さと集団での狩りの戦術は、彼らが獲物となる動物を包囲し、その場で捕らえることを可能にする。これらすべてのオオカミの特質は、狩猟民ハンターの狩りの成功度を大幅に向上させたと考えられる。狩猟民に駆使された投げ槍などの狩猟具も、捕殺率を大いに向上させ、同時にオオカミの負傷のリスクも大きく低減させただろう。

哺乳類の家畜化に関する重要な著作で知られるジュリエット・クラットン＝ブロックは、イヌが飼う者に親交と感情的恩恵をもたらしてくれるという事実を強調した。この満足感は、現代のペット飼い主に少なくとも実感のあるものにしているのは間違いない。そしてこの満足感は、精神的、肉体的な障害、加齢、孤独、自閉症、心的外傷後ストレス障害（ＰＴＳＤ）などの現代の諸問題の改善に重要な要素であることが証明されてきた。動物介在療法は、メンタルヘルス治療の中でも急成長している分野である。多くの人々が家族から離れた都会生活を送っているので、ペットによってもたらされる感情的な交わりは重要性を増していると考えられる。別の動物と共に暮らす感情的な利益は、家畜化の始まりの頃から大きかっただろう。[17] しかし化石記録からは、心の満足度を推測したり検出したりするのは難しい。したがって私が考えているのは、家畜化の具体的な結果――人間の生活や動物の暮らしが種間の盟約や連合が形成されることでどのように変わったかを探るのが最善だろうということだ。

ダーシー・モーレイとルジャナ・ジェガーによって明確に提起されたもう一つの重要な課題は、家畜化を効果的にするために人は恒久的な行動の変化と遺伝的な変化を誘導したに違いないというものだ。言い換えれば、家畜化の努力は持続したに違いない。これは、ゼーダーが「多世代に及ぶ」と言ったのと同じ着想だ。[18]

最初のオオカミ・イヌ、すなわち旧石器時代のイヌが家畜化されたと示される考古記録でその時期を調査すれば、狩猟の成功度の変化を探すことができる。狩猟成功度の変化について、そして人とイヌとの間の親しさと協力関係の高まりについて、どんな証拠があるのだろうか？　この証拠は、まずどこで最初に現れたのか？

# 第六章　最初のイヌはどこから来たか？

イヌの家畜化を解明するのに最も扱いにくい側面の一つは、用語の定義と証拠が示すものをどう理解するか、ということである。事実上、イヌは家畜化されたオオカミである。別の見方をすれば、イヌは人間と共に暮らすことを選択し、人為改変された（人が創り上げた）居住地に順応したオオカミだということだ。あるイヌ科動物を、形態的なイヌにし、オオカミでないようにする単一の遺伝子も遺伝子群も無い。オオカミをイヌと分ける、余分な足指とか少し多い歯とかといった特色を示す信頼できるマーカーも無い。ある標本がイヌのものであり、オオカミではないと推定させる解剖学的な違いの傾向や度合いなどはある。しかし単純明快な特徴というものは存在しない。オオカミではなくイヌだと一線を引く変化のほとんどは、行動に関するものだ。そうした行動上の変化は全体で見れば遺伝的ではないが、一部は確かに遺伝的である。イヌの起源は、この一〇年以上の間、進化学におけるホットな話題となっている。[1]

これまで様々な研究者が、家畜化を示すと想像される形態的特徴を提示してきた。だが家畜化に伴って起こる形態的変化の規定は、難しい。第一に、かなり多くの異なる類型と形態を持った動物がこれまで家畜化されてきたので、全体としての結論を出すのは難しいのだ。二、三の一般的特徴が提案されてきた。イヌの場合、古典的研究論文の一つが一九八五年、当時アリゾナ州立大学にいたスタンリー・

J・オルセンにより出版された。彼の息子のジョンも、この本に一章を書いた。彼らは、オオカミと現代のイヌとの比較に基づいて、イヌと同定できる主なイヌ科の特徴について明確に述べた(2)。

オルセン父子のような動物考古学者は、動物骨の考古学的一括遺物を分析しており、特定の遺跡で出た動物が家畜化されていたものだったのか、それともそうではなかったのかという大きな疑問に答えることを期待されることの多い専門家である。彼らが種を同定する古典的手法は、骨の形態、特に頭蓋と歯を吟味することであった。オルセン父子によれば、家犬を識別する特徴は、①ピンと立った耳ではなく、垂れ耳、②短くなり、幅広になった吻部、③小型化し、より密に生えた歯、④小型化した体躯、⑤横から観て口吻にはっきりした額段（ストップ）のあること、⑥より真っ直ぐになった、垂直に上行する下顎枝（主要下顎筋が付着する下顎の部分）、⑦野生のイヌ科動物と異なり、後方に湾曲しない上行する下顎枝、⑧真っ直ぐで、湾曲していない下顎縁を備えた下顎、⑨イヌ科動物がヒトと共に暮らしていたことを示す考古学証拠。

では、こうした特徴のうち、どれだけのものを家畜化の始まったばかりの最古のイヌで認められると期待できるのか？　多くはない。なぜ多く認められないのか？　動物が時を経るにつれ進化し、変化するからだ。どんな動物でも最古の代表者は、細部に至るまでその動物の現代の個体とは似ていないことはほぼ確かだと保証できる。遺伝的特徴であれ、形態的特徴であれ、あるいはこう考古学的特徴でも、だ。どんな動物も、少なくとも大きな部分では彼らの祖先に似ているはずである。したがって最古のイヌは大いにオオカミのように見えるだろうし、最古のイエネコもヤマネコに似ているだろう。

さらに、上に列挙した解剖学的基準は、短くなった吻部、体サイズの小型化、より密に生えた歯など

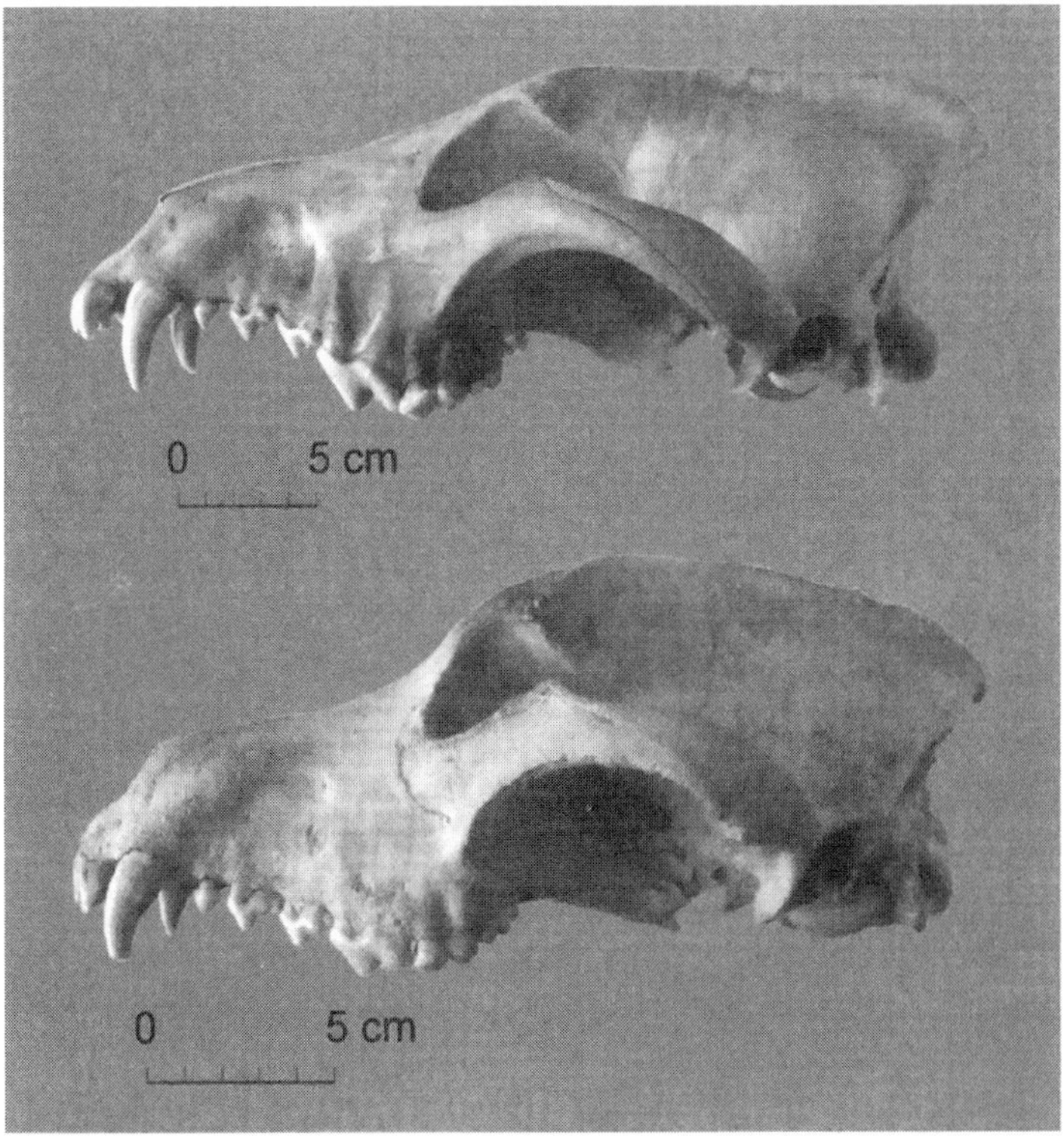


オオカミの頭蓋（上）は大型犬（下）のそれと似ているが、いつくかの違いを見ることはできる。この写真では、形態の違いを目立たせるために、大型犬よりも大きなオオカミ頭蓋を縮小して、サイズとしては大型犬の頭蓋に似るように見せていることに注目されたい。大型犬の頭蓋の側面観には、眼窩の正面に強い「額段」が見える。これこそ、家犬の特色を良く示している。オオカミの歯はイヌよりも大きいのが普通である。吻部は短いから、イヌではしばしば頬歯が密に生えており、全体の長さに比べて頭蓋は幅広い。

という基準は個人の期待したように認識できるという意味で、すべて相対的なものである。現生オオカミの解剖学的特徴を観察し、それがイヌとどのように違っているかを調べるのは時には容易だが、その容易さも犬種次第である。考古学的基準でさえ、曖昧である。少なくとも理論上はイヌ科動物は人と親密に暮らせたが、現生のイヌと似た環境下ではなかったからだ。そして進化がどのように働いたかを知れば、古代の骨格を観察したとしても、区別できる特徴は年代が古くなればなるほど次第に明確でなくなっていく。現在の家犬は、知られる限りで最も変異の大きい――非常に大きな幅の形態、体サイズ、毛の色、気質を含む――動物なので、過去の家犬も驚くほどの変異を含んでいたに違いない。

例えば最古のイヌは、その祖先のオオカミよりも体サイズが小さかっただろうかと問うてみればよい。最古のイヌがオオカミのように動き、行動し続けたのなら――群れとなって狩りをするオオカミが中型サイズから大型の獲物を追いかけているように――、オオカミの大きな体格と力を維持することは、依然として有利だろう。さらに現代の家犬はすべて小さいわけではないし、中型サイズでもない。一部の現代の犬種は、オオカミのように依然として大きい。またそれとは別に、ポケットに入るように小さなイヌもいる。体サイズは、ある動物をイヌに分類する基準ではないが、体サイズは、たぶんある動物の任務やその動物がうまく適合する生態的なニッチを反映しているのだろう。

もし最初のイヌが、オオカミがしているように依然として顎と歯で獲物を捕まえていたとしたら、吻部が短くなり、幅広になったことは、進化するイヌ科動物にとって何一つ有利には働かなかった。歯が小型化し、より密に生えるようになったのは、攻撃性と相関するホルモンレベルが低くなったことの副次的効果でなかったのだとすれば、こうした特徴は何の利益ももたらさない、ということでもある。吻部が短くなり、歯が密に生えるようになったことは、最初のイヌが進化した十分後になって進化したのかもしれない。

最初の課題は、こうである。すなわちイヌを同定するために、ただ解剖学的分析だけを頼れないということだ。なぜなら現生のイヌ――私たちが絶対確かにイヌだと言い切れる唯一の存在――は、これまでに人為的に交配が繰り返され、多くの相異なる解剖学的特徴と多数の異なる性質・能力を際立たせられてきたからだ。グレイハウンドのように快足のイヌは、番犬やグレート・ピレニーズやジャーマン・シェパードなどとほとんど似ていないし、セントハウンドにもブラッドハウンドにもあまり似ていない。過去二〇〇年間に、様々な犬種を創ろうとして交配は過熱化、加速化し、現代のイヌにかつてないほどの多様性がもたらされた。

どんな古代のイヌを現代犬と比較しても、それは違いが露わになるだけだ。比較のサンプルの本質が重要だ。頭蓋（や歯、もしくは顎）を同定する基本的な方法は、その標本とそ比較対象に最もふさわしそうな資料、すなわち既知のイヌとオオカミと比較することだ。種内のばらつき全体を見られるようにするためには、既知のサンプルとしてどれだけ多くの個体が必要なのだろうか？　一〇個体？　五〇個体？　それとも二〇〇〇個体か、それ以上か？　もしイヌの可能性のある標本を既知のイヌや既知のオオカミと比較すれば、それらのイヌとオオカミは、現代のものとしなくてはならないだろうか、それとも古代のものと？　結局のところ進化は、最古のイヌが現れて以来ずっと続いてきたのだ。現生のイヌ（チワワ対グレート・デーン、ブラッドハウンド対イタリアン・グレイハウンド、ショートヘアード・ポインター対ダックスフント）、そして現生のオオカミ（アジア産、アラスカ産、インド産、北アフリカ産、アメリカ産、ヨーロッパ産）の大きな多様性を見よ。

最近、イヌとオオカミ各標本の様々な解剖学的計測値の有用性についての見直しが、多数の標本を使って、リュック・ジャンセンズらによってなされた。それによると関連する頭蓋、顎、歯のサイズの様々な計測を行えば、考古学的に最古とされるイヌをオオカミから識別するのに「ある程度は」助けになることが分かった。しかし私が前に述べたように、確信を持ってイヌをオオカミと区別できるただ一つの解剖学的特徴は存在しない。以前に重用された基準は、イヌとオオカミの計測値に広範囲に及ぶ重複があるため、ジャンセンズのチームに否定された。彼らは、「家犬標本の同定のために行われた歴史上及び最近の研究に関係した形態計測値変数と形態的な変数の幅を検証すると、これらの研究の大部分は家畜化されたイヌとオオカミを識別するのに無効ということが分かった」と結論づけた。解剖学的特徴がイヌとオオカミの識別にほとんど役に立たないのだとすると、科学者はどのようにして前に進んだらいいのか？　一部のイタリアの科学者が、オオカミ・イヌの雑種は「狼づめ」を示すかもしれないと主張した。狼づめは大型犬なら後ろ足に持つ傾向があり、純粋種のオオカミなら持たないのだ。（純粋種のディンゴも、狼づめを示さない。）[3]

家畜化は遺伝的に特徴のある種を創造することに関係するので、遺伝学者たちは様々な種の家畜化を追跡する試みで今や重要な役割を果たしている。イヌの（それと他のどの動物も）起源を追跡するのに用いられる二つの主要な戦略がある。第一の戦略が、動物はその分布領域に長くいたし、分岐し、進化するのに多くの時間がかかったので、種の遺伝的多様性はそれが起源した場所の近くで大きくなるだろうという非公式の原理である。他の多くの原理の中でもこの原理は、現生人類がサハラ以南のアフリカで起こったことを確証するために使われてきた。今生きている人々の遺伝的多様性は、サハラ以南のアフリカで最も大きくなっているからだ。それではイヌの多様性はどこが最も大きいのか？　それは答えにくい問いである。一七〇〇年代後半に始まった明らかで新しい血統のイヌを創る試みは、イギリスとその植民地で人気になった。はっきりした犬種のために要求される特質を明確にし、血統をたどれるように登録が開始された。それは、他のイヌとは異なる新しい犬種を創る計画的な試みにつながった（ネコ、競走馬、ウシなども含む）。このことは、育種家は交配する雌雄ペアを極端なものから選ぼうとするだろうだろうという意味だ。ペアは、そう、例えば他の個体より長い耳とか、ふわふわな毛とか、短い鼻面とかという特色を持つものだ。このようにして世界各地で、人間の側の流行がイヌの中に多様性を増大させ、それを保存するように機能した。新奇さへの人間の魅惑が高まれば高まるほど、時間をかけなくとも多様性は強まっただろう。単純に他より違った多様なイヌの探求が、イヌの起源地について誤った結論を導き出したに違いない。

第二の課題は、新しい種が初めて出現する以前から、関心を持つ種の起源地には進化した動物がいたに違いないということだ。イヌの場合で言えば、祖先であるオオカミは、イヌが起源した地域に存在していたのは間違いない。そして家畜化に取り組んでいるのだから、人間もまた同じ場所にいたに違いない。既に分かっていることだが、オオカミと人間は、五万年前頃にヨーロッパ、アジア、北アフリカの一部に住んでいた。そして最古のイヌの故郷として、南北アメリカ大陸、南極大陸、オーストラリアは除外できる。人間がそうした地域に到達したのはずっと新しい時期だったので、オオカミを家畜化できなかったはずなのだ。またこれらの地域には、オオカミもいなかった。

最初のイヌの起源の地のような複雑な謎に対する最も信頼できる答えは、人とイヌの関係の遺伝子証拠、解剖学的証拠、そして考古学証拠がすべて合致する場合に見つけ出される可能性が高い。しかしまだその三つが合致する答えはない。自然状態では動物が移動してしまうことと、すべてのイヌ科動物には互いに交雑できる能力があることが、話をこみ入らせている。

一部の重要な研究を見ることによって、どのように不協和と混乱が生じたのかを知ることができる。未知のものと比較するために既知の同じサンプルを使った二つの研究は無いし、多くの研究は、全ゲノムではなく遺伝物質の小部分だけを分析しているにすぎない。ではどれだけあれば、十分なのか？　それは、フィートやインチのサイズの異なる巻き尺を使って動物の平均体高を記録しようとするようなものだ。

一九九七年、様々なオオカミと現生のイヌのミトコンドリアDNAを扱った大規模な研究が、カリフォルニア大学ロサンゼルス校のボブ・ウェインの主宰する遺伝学研究所で行われた。研究チームは、世界中の二七カ所の地域に棲む一六二個体のオオカミと六七犬種を代表する一四〇個体の家犬から取ったミトコンドリアDNAのセグメント（発達中に遺伝子をオンとオフにする制御領域（control region）の二六一塩基対）を調べた。この研究で、幾つかの重要な事実が明らかになった。家犬とオオカミのミトコンドリアDNAサンプルから分かったのは、最大でもアミノ酸置換は一二しかなかったことだ。これに対して、イヌのミトコンドリアDNAは、コヨーテやジャッカルなど他のイヌ科動物のそれとかなり違い、少なくとも二〇もの置換が見られた。このことは、ハイイロオオカミこそイヌの祖先だったとする強力な証拠である——今ではほとんど異議を申し立てる余地のない結論である。研究チームは、オオカミの間に二七の、イヌの間に二六の異なるハプロタイプ（ユニットとして受け継がれた遺伝系統）を見つけた。たった一つのハプロタイプだけがイヌとオオカミに共有されていた。一部のハプロタイプ（オオカミで四つ、イヌで四つ）は、地理的に非常に広い範囲に広がっていたが、大半のハプロタイプは、特定の地理的領域内に共通して見られた(4)。

この研究はまた、イヌは四つの大きな遺伝的なまとまり、すなわちそれぞれが共通の遺伝的遺産を共有するクレイドに収まることも明らかにした。多くの犬種は、いくつものクレイドからのハプロタイプ、遺伝系統を示すので、クレイドは明確な犬種のマーカーではない。ウェインのチームは、これらのクレイドをローマ数字のⅠ〜Ⅳで表したが、この用語は後の研究で変わった。分析された犬種の約七三％は、今では一般にクレイドAと呼ばれるクレイドⅠに収まった。このクレイドに含まれるのは、いわゆる原始的な、すなわち基本的な犬種であった。例えばオーストラリアのディンゴ（これは、イヌやオオカミの仲間ではない別個の種かもしれない）、アフリカのバセンジー、中国のチャウチャウ、そして古代のエジプト、ペルシャ、ギリシャかに起源を持つと考えられているグレイハウンドなどである。言い換えれば、クレイドAに入る一部のイヌは進化的に原始的で、地理的に分散した領域が原産地であったということだ。オオカミも、クレイドAのクラスターに入っていた。

二つのスカンジナビア産犬種であるエレクハウンドとスウェーディッシュ・エルクハウンド（イェムトフント）は、クレイドⅡ（今ではクレイドDと呼ばれる）に包含される。クレイドDのハプロタイプは、イタリア、フランス、ルーマニア、ギリシャで発見されている二つのオオカミのハプロタイプと密接に関係している。

今はクレイドCと呼ばれるが、クレイドⅢは、ジャーマン・シェパード、シベリアン・ハスキー、メキシカンヘアレスを含むイヌの三つのハプロタイプしか包含していなかった。これらのハプロタイプは地理的なクラスターを形成していないので、互いに独立に進化したのかもしれない。

クレイドⅣ――現在はクレイドBと呼ばれる――も、三つのハプロタイプしか持たない。これらは、ルーマニアと西部ロシアで見られるオオカミのハプロタイプと同じか、もしくは非常に良く似ている。これらのハプロタイプは、おそらくイヌとオオカミとの間の新しい時代の交雑の結果だろうと推察される。

ウェインらの研究の結果の一部は、後にピーター・サヴォレイネンに率いられたグループに異論を唱えられた。サヴォレイネンは、かつてウェインのラボにいたポスドク特別研究員で、前に挙げた論文の共著者だった。サヴォレイネンは、その時、中国人とスウェーデン人の研究者と共同研究していた。二〇〇二年、アメリカの一流科学誌『サイエンス』の表紙は、黄色のラブラドール・レトリーバーの写真で飾られた。それは、サヴォレイネンのチームによるイヌの家畜化をテーマにする記事を説明していた。[5]

彼のチームは、三八頭のユーラシア産オオカミとヨーロッパ、アジア、アフリカ、極北アメリカ生まれの六百五十四個体の家犬から取ったミトコンドリアDNAのさらに長い部分（五八二塩基対）を解析した。彼らはまず、スイス、ケッセルロッホ出土の一個のイヌ下顎骨化石とドイツ、ボン＝オーベルカッセル出土のもう一個の化石の年代を基に、イヌは一万四〇〇〇年前頃よりずっと以前に出現したという仮説から出発した。ケッセルロッホ出土のイヌ化石は、一部はその化石が現代のオオカミより小型であること、一部は歯が小さな顎骨に密に生えていることのために、ごく初期のイヌとして広く合意を得ていた。この二つの特徴とも、オルセン父子に提示されたイヌであることの基準である。ボン＝オーベルカッセル化石は、オーカーで覆われ、人の男女二人と共に埋葬されていた。このような祭祀上の扱いは、イヌと人との間の親密な関係を示す印である。食物に供されたり、獲物をめぐって殺された競合相手に過ぎなかった野生イヌ科動物なら、このように配慮されて埋葬された可能性はない。要するに埋葬は、それが人であれ人のような地位を与えられた動物であれ、埋められた個体の地位なり重要性を示すサインなのだ。一つの意図のもとの埋葬は、動物が家畜化されていた証拠に関しての絶対的基準と言える。

イスラエルのアイン・マラハ考古遺跡に関する一九七八年の論文以来、埋葬は一つの判断基準として使われてきた。アイン・マラハ遺跡は、石の壁を持つ半地下室を有した最古の恒久的集落を造ったナトゥーフ文化に属していた。遺跡は、放射性炭素で一万一七四〇年±七四〇年から一万一三一〇年前±五七〇年の間と年代測定された（最新の技術で年代を再測定すれば、この年代値はもっと古い方に改訂されるだろう）。アイン・マラハ遺跡のナトゥーフ文化は、先農耕社会とみなされている。[6]

その墓では、女性の手が仔イヌの上に置かれていた。その仔イヌが彼女のペットであることを暗示するかのようだった。それは、しばしば「特別の関係」と呼ばれる、イヌと人との親密さを示す強力な証拠であり、家畜化の証明であった。アイン・マラハ遺跡の埋葬は、イヌが人と共に暮らし、死後に人と全く同じように葬られたという重要な証拠を強く訴えている。調査に加わった考古学者のサイモン・デーヴィスとフランソワ・ヴァラが述べたように、「ナトゥーフ文化の埋葬でただ一例の仔イヌは、その仔イヌと仔イヌが一緒に埋葬された人物との間に食べる・食べられるの関係とは全く違う愛情のこもった関係が存在した証拠をもたらしている」[7]。

サヴォレイネンらの研究報告で彼らは、最大の遺伝的多様性を持ったイヌのクレイドなら、最も古いイヌを代表しているだろうという仮説にも頼った。ウェインのラボによって分析されたサンプルのように、サヴォレイネンのサンプルは四つのクレイドに分かれ、一、二、三のものだけが明らかに新しい第五のクレイドを構成した。混乱を招きかねないがサヴォレイネンのチームは、イヌ科のクレイド群に新しい用語を作った。それらのクレイドをAからEと呼んだのだ。クレイドAからクレイドDまでは、ウェインのチームのクレイドⅠからクレイドⅣと基本的に同じだった。サヴォレイネンたちの研究で表れた最大のクレイドは、最も試料数が多く、最も幅広い多様性を示した。イヌに見られたハプロタイプとともに、中国とモンゴルのオオカミに由来するハプロタイプも含まれていた。このクレイドは、ハプロタイプの全体の数（四四）は他よりも多く、他の地域では見つけられないハプロタイプの数（三〇）も他より多かった。論理的にこの多様性は、最古のイヌであることを確証することになるだろう。また東アジアのサンプルは、他の地域（西南アジア、ヨーロッパ、アメリカ大陸、シベリア、インド、アフリカ）の集団のそれよりもユニークなハプロタイプを高率に示した。これを基にサヴォレイネンのチームは、東アジアこそイヌが最初に家畜化された地域だろうと結論づけた。突然変異の数を基にしたチームの推計で、クレイドAの始まりは四万年前頃に遡るだろうという。あるいはクレイドA、B、Cが同時に現れたのだとしたら、一万五〇〇〇年前頃になるだろうか。

あらゆる研究者の中で特にウェインのグループは、この結論が考古証拠とうまく合致しないことに注目した。なぜなら家畜化されたイヌの最古の化石はヨーロッパか中東で見つかっていて、東南アジアや中国からではなかったからだ。もしイヌがアジアで最初に家畜化されたのだとしたら、そのイヌの化石はどこにあるというのか？

東アジアの考古記録と化石記録は、人と共に暮らした最初のイヌは九〇〇〇年前頃までで、それ以前にはそこにいなかった証拠を示す。四万年前はもちろん一万五〇〇〇年前頃でさえなかった。最古のアジアのイヌは、一一〇個体以上が見つかっている。日本の縄文時代早期のものとされる墓から出土していて、それらの埋葬イヌは九〇〇〇年前頃に過ぎない。残念なことにサヴォレイネンの研究では、発見当時は化石から古代のミトコンドリアDNAを抽出するのが難しかったため（その後は技術が発達して改良されたが）、これらの最古の東アジア産のイヌを一個体すらサンプルにしていなかった。中国の最古のイヌの埋葬の年代は、さらに若く、やっと七五〇〇年前頃だ。そしてこの事実もまた、最初のイヌが中国で出現したという結論を否定するのだ。最古のアジアの埋葬されたイヌと、イヌと広く認められたボン＝オーベルカッセル、ケッセルロッホ、そしてアイン・マラハの初期のイヌ（一万四〇〇〇年前〜一万二〇〇〇年前）との間には、不愉快になるほどに大きな年代的ギャップがある。家畜化されたイヌはこれより数千年以上前から東アジアにいたが、化石記録には目に見える形で残らなかったというのだろうか？　あったとしても、おそらくイヌを埋葬する風習がアジアには存在しなかったのだろう。だがそれでは、それより新しい縄文早期のイヌと最古の中国のイヌは、なぜ埋葬されたのか？

家畜化は、野生の祖先よりも小型化した体サイズと、イヌでは頭蓋側面の眼窩の下で顕著な「額段」を生じさせる退縮した鼻面を持つ、短くなった顔面を含む骨の特徴で認識されるだろうと推定されてきたことを思い起こそう。短くなった顔面は、しばしば歯が密に生えたことも意味する。だがこうした特徴は、多くの理由から問題のある基準だ。

アイン・マラハ遺跡のイヌ科の例で、イヌとオオカミを区別するこの方法が試みられた。ところが埋葬された仔イヌはまだ乳歯を持っていたので、デーヴィスとヴァラは、歯をどう評価したらよいのか分からなかった。成体のイヌでは、第一下顎大臼歯とその隣の小臼歯は、しばしば重なり合う（叢生する）。だが叢生の程度が生涯を通じて常態なのかどうかは、分からない。デーヴィスとヴァラは、素っ気なくこう述べている。「歯の叢生の基準は、イヌとオオカミの区別に有効ではない」。（この所見は、この特徴をしばしば利用したオルセン父子のような一部の研究者を明らかに憤慨させた。）もちろん幼体だから体サイズも、信頼できる基準ではなかった。通常、オオカミはイヌよりも大きい。確かに幼体は成体よりも小さい。最初のイヌは、あらゆる点でオオカミに似ていた公算がかなり大きい。化石記録が何を示すにしろ（あるいは示さないにしろ）、家畜化の何かの特徴を化石骨から判別するのはほぼ不可能であるのは事実なのだ。例えばピンと立った耳ではなく垂れ耳であるとか、まだらやブチとかの体毛、あるいは人を含む見慣れぬ物にオオカミよりは攻撃的でなくなるといった行動などは、化石記録からはほぼ解析できない。そうしたことがあるのは、間違いないのだ。オオカミの幼体（cub）がまだ十分幼いうちに慈愛に満ちた人と接したとすれば――生後二週間頃から始まり、一カ月は続く社会化のための期間に――、そのオオカミ幼体は、人間に触れたことのないオオカミ幼体より、生涯を通してははるかに攻撃的でなく、また人を恐れることもないだろう。しかし社会化のためのこの「窓」のタイミングは、まだ耳が聞こえず目も見えない乳児期（puppy）よりも、オオカミ幼体では二週間は早い。それと全く対照的に、イヌの乳児期は、この社会化の間にも、目が見え耳が聞こえ、臭いをかげる。このように一生のうちのごく早い時期に人と接したオオカミの幼体でさえ、イヌの乳児期よりも人について学ぶことはかなり少ない(8)。

ならば化石と考古記録で、このような行動の変化をどうして突き止められるというのだろうか？　考古学者は、生活様式、すなわち人間とイヌ科との普通の共同、オオカミ・イヌと人間との間の特別な関係の発達――それは、イヌ科がまるで人間であるかのようにイヌを扱う傾向に至るだろう――という証拠なら探せるかもしれない。

最古のイヌについての主張は、二〇〇九年に出版されたヨーロッパの化石イヌ科の骨の形態学的分析を基にしている。ベルギーの古生物学者ミーチェ・ジェルモンプレらは、洗練された統計的手法を用いて、年代にしてベルギーのゴイェ洞窟の三万六〇〇〇年前からチェコ共和国のプシェドモスティの二万六〇〇〇年前までのイヌのように見える化石群を同定した。彼女のチームはもう一つ、ロシアのエリセーイェヴィッチで発見された一万五〇〇〇年前頃のイヌの頭蓋と、さらにもう二点、ウクライナのメジリチとメジン出土の一万七〇〇〇年前と一万四〇〇〇年前のイヌの頭蓋を同定した。しかしさらにもう一つ、かなり古い「起源的なイヌ」が、ニコライ・オヴォドフ、スーザン・クロックフォードらによって、ラズボイニーチャで同定されている。彼らは、ジェルモンプレらとは別の比較データベースを、だが同じ手法を用いて、シベリア由来の三万三〇〇〇年前のイヌ科の化石を検討した。「起源的なイヌ」とは明確に定義された用語ではないが、ラズボイニーチャ出土の化石を分析した研究チームは、それを家畜化の途上にある初期的なイヌ科動物という意味で用いているようだ(9)。

ボブ・ウェインの研究グループから派生したオラフ・タールマンが主導するチームは、その後、ラズボイニーチャのイヌ科から抽出したミトコンドリアDNAの制御領域（control region）部分を解析し、そのDNAはオオカミとスカンジナビアの犬種二つと共にクレイドDにまとめられることを示した。彼らはまた、ゴイェ洞窟出土の数体の「イヌ」のミトコンドリアDNAが現代のイヌとオオカミのサンプルに比べ、より原始的でオオカミ的な妹集団に位置する、ごく基層的なものであることも発見した。しかしイヌであってオオカミではないことを示すDNAマーカーというものは、存在していない。それが意味するのは、DNAによる分類は確かなものではないということだ。ジェルモンプレらのチームによって同定されたゴイェ洞窟の「イヌ」も、オヴォドフとクロックフォードらによってなされたラズボイニーチャの「起源的なイヌ」も、オオカミの家畜化を目論んだ先史人の初期の失敗した試みだったのかもしれない。失敗した試みという言葉で、たぶん研究者たちは、結局のところ人間と共に旅し、暮らすのに十分には適さなかった未達の動物家畜化ということを言っている。[10]

# 第七章　こみ入った物語

　これらのすべての研究から浮上してくる最も重要な事実は、イヌは人が行った所ならどこにでも旅し、一緒に暮らしていたということだ。人間のようにイヌは、かなり多くの様々な役割を果たすことができるので、広範囲の居住地と生活様式で人の役に立っている。

　もしイヌが究極的な――あるいは最初の――人の友だちだったとすれば、いつ、どこでイヌは初めて人間と行動を共にするようになったのかを、当然問うことになる。分かっているのは、様々な環境、様々な生態系の中で、人がどのように進化し、どのようにして世界中に拡散していったのかの、いくつものこみ入った物語である。今日の古人類学と先史学の最大の謎のいくつかは、人間の移住と適応に焦点を当てている。特にアフリカからの現生人類の最初の拡散と、ネアンデルタール人やデニーソヴァ人のような古代型人類の絶滅の問題である。

　ユーラシアで古代型人類を圧して解剖学的現代人が成功を収めるのに寄与した大きな要因として、イヌへと家畜化され続けたオオカミと人間との間のそれまでに例のない同盟があったのではないか、と私はずっと主張してきた。それより広い、しかしそれと同じくらい重要な謎は、動物の家畜化――イヌの家畜化から始まった、通常はあり得ない異種間の協力――が、それと同じくらい現生人類の侵略的な成功においてどこかで有益だったかどうかだ。この物語は、人の各段階における大きな移住でも同じだったのだろうか？

不幸にも私たちは、ヨーロッパの歴史に重点を置きすぎたことにより（こうした課題に取り組む研究者の大半はヨーロッパ人だった）、人類の移住の歴史をおそらく正確には復元してこなかった。これまで研究者たちが見逃してきたかもしれないことに目を向ける前に、ここでその物語を簡単に見直してみたい。

私たちの祖先がアフリカからヨーロッパへと自らの活動領域を拡大した時、彼らにとって最大の驚きは、おそらくネアンデルタール人と出会ったことだろう。ネアンデルタール人は数十万年間もヨーロッパに住み続け、進化してきた。彼らは、アフリカからやってきた移住者たちとびっくりするほど似ていると同時に、また恐ろしいほどに違っていたのだ。例えば近くの食料品店で、今まで見たこともない肌の色をした、体型の大きく違う人々を思いがけなく見かけたとしたら、あなた方はどう思うかを考えてみてほしい。彼らは、たぶん自らの肌に意味不明の色を塗り、奇妙奇天烈な服装と髪型をしているだろう。彼らはきっと多くのアメリカ人やヨーロッパ人を不安にさせ、おそらく危険を感じさせるだろう。それでも、異世界の人々とのコミュニケーションが滅多にない土地で暮らしてきた民族誌研究者なら、新参者、全く見知らぬ人たちは価値のある情報源となり得るとも指摘するだろう。旅する者たちは知識を運んでいる。どんな現代の情報伝達手段――新聞、ラジオ、テレビ、携帯電話――が出現するよりずっと前から、旅行者は遠隔の地の情報を広げてきたのだ。

私は一九七一年、西アフリカのリベリアで「口伝え」について直接体験したことがある。それぞれの旅行者や新来者は、彼らが持つ重要な情報は何でも、行った所のどこででも、出会った人誰にでも伝えて回った。一部の人たちは、たとえ文字の読み書きはできなくとも、英語ばかりでなく四つ、五つもの言葉をしゃべることができた。情報伝達の媒介として、「口伝え」は驚くほどうまく機能した。奥地の田舎のキリスト教系の病院で私は数週間を過ごしたが、その時の大統領だったウィリアム・タブマンが（ロンドンで）老衰で死んだ日にも私はそこに居合わせた。驚いたことに、その奥地の病院の患者たちは、私が知る前にタブマンの死を知っていた。新聞も届いていなかったし、ラジオもテレビもなかった（もちろんインターネットもなかった）のに、である。

これと匹敵する出来事は、大半のリベリア人の生涯では起こったことがなかったようだ。首都にある西欧風私立学校でさえ、大統領職の任務の継承は教えられていなかったので、誰も次に何が起こるか知らなかった。なにやら危険な事態になりそうな気配があった。政府下級官吏でさえ、突然に悪いことが起こることを恐れて、何一つ気乗りしない風だった。

ある日の午後、仮面をかぶって獣皮とヤシの繊維の服をまとった二人の男が、ドラムのビートに合わせて、病院の職員たちが住んでいる敷地の周りで踊った。おおっぴらにその儀式を見ることは禁止されていたが、私は一、二度、窓からこっそりとのぞき見た。他の村からも、ドラムの音が聞こえた。その後、病院のスタッフ――看護婦、看護助手、検査助手、薬剤師、事務員という十分な教育を受けた人たち――の多くが姿を消し、自分たちの生まれた村に戻っていった。彼らの受けた教育と得た地位が他の者を妬ませたり、他の民族集団のメンバーからの制裁を受けたりすることを恐れて「行方をくらました」のだ。注目されたり、他の者と違わない方が、安全に思えたのだろう。噂は、抑えがたく広がった。――将来についてどんな手がかりも、ものすごく重要だったのだ。けれどもそこの人々は、情報を伝えることが喫緊に重要だと知っていたし、知識を広げる効果的な手段を見つけたのだ。

ネアンデルタール人は、早期現生人類と対面し、彼らについての情報を得るのにリベリア人と同じ緊急の必要性を感じた時、何とも言えない不安を感じただろう。ネアンデルタール人は、私たち現生人類と最もよく似た古代型人類だったし、私たち現生人類の生活様式と行動の多くを——だが全部というわけではない——共有していた。彼らは現生人類と同じ獲物を追い、時には現生人類のすぐ近くで——時にはまさに同じ洞窟や岩陰で暮らしたのだ。ただ、おそらく同時ではなかったはずだ。この奥深い類似性が意味するのは、ネアンデルタール人たちはヨーロッパにやって来た現生人類によって引き起こされた競争という圧力の高まりを、他のどの動物よりも敏感に感じただろうということだ。私が他のどこでも述べてきたように、解剖学的現代人から受ける強まる一方の競争圧力は、四万年前頃までにネアンデルタール人のかなり急激な絶滅へと至らせたことへの特に深い洞察をもたらしている。どうやら現生人類は、古代型人類を一万年以内に打ち負かしたようなのだ。

高まる競争圧力以外の要因も、ネアンデルタール人の絶滅にとって大きかった。おそらくネアンデルタール人は、いつの時代でも人口密度が低かったのだろう。生態系の頂点に立つ新来の捕食者の出現によって引き起こされた生態系の危機は、気候変化のような事態をネアンデルタール人が乗り切ることを特に困難にした。現生人類のネアンデルタール人との対峙、そしてヨーロッパの氷河時代の動物相は、この物語の最初の手がかりである。

現生人類が中東とヨーロッパに移住した時、彼らはアフリカで狩っていた動物たちとは全く別の動物群、すなわちユーラシア大陸の氷河時代動物群を目にした。これらの動物たちは彼らにとって目にしたことがなかったが、完全に新奇なものというわけでもなかった。いくつかの点で、ヨーロッパの基本的な氷河時代動物群は、広い意味でアフリカの動物群と似ていた。例えばどこかしらなじみがあると思われただろう獲物となる多くの動物たちが、ユーラシア大陸にいた。ユーラシアのケナガマンモスは、多くの点でアフリカゾウと似ていた。ヨーロッパのケナガサイは、アフリカのサイとそっくりだ。そしてヨーロッパの原始的な野生馬は、アフリカのゼブラ、クアッガ、ノロバと多くの点で共通していた。アフリカの多種の羚羊類とウシ科は、ヨーロッパの種と必ずしも全面的に似ていたわけではないけれども、ヨーロッパのシカ科とウシ科は、アフリカの羚羊類とウシ科に一部で似ていた。捕食動物に関しては両者の生態系は、多くの大型で獰猛なネコ科（例えばライオン、ホラアナライオン、ヒョウ、ホラアナヒョウ、チーター）と中型・大型のイヌ科（数種のオオカミ、ケープハンティングドッグ（リカオン）、ジャッカル、小型のキツネ）がいるという特徴があった。氷河時代ヨーロッパの捕食動物ギルドは、アフリカと同じように、早期現生人類が獲物や他の資源を争うのに十分に適応した動物たちで満ちていた。一方で、広範囲の捕食者たちを支えるのに十分な、多様な体サイズで多彩な居住地を持つ獲物もいた。

現生人類は、ヨーロッパで数十万年間も狩猟採集民として暮らしてきた古代型人類の最強のライバルとなった。アフリカの古代動物種について新参者が持つ知識の一部は、ユーラシアでも応用可能だった。しかしヨーロッパの気候は、昔いたアフリカよりも寒冷で湿潤だった。新しい適応が必要となった。いくつかの点で、早期現生人類が北ヨーロッパとアジアに進出した時に出会った中で最も重要な新しい動物は、ハイイロオオカミだった。彼らは、生存に必要だった新しい食資源をめぐる、大型で、獰猛で、手強いもう一つの競争者だった。現生人類のように、そしてネアンデルタール人のように、オオカミは家族集団を作って暮らしていた。彼らは群れで狩りをし、共有の巣穴や安全な場所で協力し合って子どもたちを育てていた。オオカミの持つ殺傷用武器——走るスピード、優れた嗅覚、スタミナといった能力と結び付いた大きな牙と頑丈な顎——は、槍や携帯可能な切断用石器といった製作された道具ではなく、彼らの身体の一部であった。そしてネアンデルタール人が絶滅へと突き進んでいたちょうど同じ頃に、イヌの家畜化の最初の兆候が化石記録に現れる。これらが、プロトドッグ（原犬）、オオカミ・イヌ、旧石器犬、あるいは単に「奇妙なオオカミ」と呼ばれるジェルモンプレのチームによって同定された化石遺体である。これらの動物をどのように呼んでよいのかは論議を呼んでいる。関わった研究者たちでさえ、これらの動物をどう分類するかで一致できていないのだ。

先に言及したように、ミーチェ・ジェルモンプレに率いられた研究チームは、ヨーロッパから見つかった、頭蓋と顎の形態でオオカミよりも原始的なイヌの方に似る、理解しやすいイヌ科グループを構成する四〇点以上の化石標本を統計的手法を使って同定した。だがこれら標本は現代のイヌではない。そしてオオカミ・イヌの系統を引く同じ氷河時代生態系に暮らしていたオオカミは、原生のオオカミとも同じではなかった。ジェルモンプレのチームが示したことは、プロポーションと形態（解剖学的特徴）、ミトコンドリアDNA、食性の観点から、これらの標本は同じ先史時代にいたオオカミとはっきり区別できるということだ。標本のミトコンドリアDNAは、現生のイヌでもオオカミでも見出されているすべてのミトコンドリアDNAとも一致しないのだ。それならこれらの動物はイヌなのだろうか？

現在集まった証拠でも、これらの古代のイヌ科は、現代のどんな犬種とも直接に結びつけられない。彼らは、現生のイヌの確かな祖先ではない。それなら彼らは、オオカミの単なる風変わりなグループなのか？　彼らは、明らかに普通ではない。では彼らはまだイヌ（家畜化された種）ではなく、しかしもはやオオカミでもなかったのか？　彼らは、最初の家畜へと試みられたものがどのように見えるかを私たちの前に見せているのだろうか？　おそらくそうだ。私の直感はイエスと答えることだ。今までのところ彼らオオカミ・イヌは、現生人類によって残された考古遺跡で見つかっていて、ネアンデルタール人の遺跡では皆無だ。そうした遺跡のほぼすべては、当時の何か新しいこと、人間とオオカミ・イヌとの連携によって作られたのかもしれないこれまでとは異なる暮らし方と狩りの仕方を表しているのだ。

現生人類、ネアンデルタール人、そしてデニーソヴァ人との間の交雑と後二者の絶滅の歴史は、現時点ではかなり厄介な謎である。分かっているのは、現生人類とそれに近い人類との間には思った以上の違いがあったこと、そして異なる人類種が——それがヒト族であったのなら——時には交雑したということだ。

だが本書で跡をたどってきた人類集団のうちたった一種だけ、すなわち中央ヨーロッパに達した解剖学的現代人だけが、イヌと密接な関係を築いていた。以前に私が書いた本の『ヒトとイヌがネアンデルタール人を絶滅させた（原題：*The Invaders*）』の中で私は、氷河時代ヨーロッパという極端な環境で現生人類は、彼らとオオカミ・イヌの間でちょっと変わった同盟を結んだことでネアンデルタール人を打ち負かしたという仮説を出した。ユーラシアの氷河時代肉食獣ギルドのメンバーすべての中で、結局は最後まで生き残れた唯一の二種は、オオカミと現生人類だった。イヌ——かつてはオオカミ——は、ハンターとしての人の第一の友であり協力者となった。すなわち組織的やり方で人と一緒に活動した最初の動物となったのだ。それは、五万年前〜四万年前の間に起こったことなのか？　誰も、それに同意してはいない。しかしこの仮説は、依然として科学的に妥当であるように見える。オオカミからイヌへの変身は、意図的にも速やかにもなされたことでもないが、それが起こったことは分かっているのだ。[1]

オオカミのような強力な捕食者が人間に対する捕食者になったり競争相手になったりしたのではなく、人間の最初の友へと進化したのは矛盾しているように思われるかもしれない。オオカミは、依然として人にひどく恐れられているからだ。私たちの進化の原郷土であるアフリカのイヌ科動物は、更新世ユーラシアのオオカミよりもずっと小型で、また危険な競争相手でもなかった。アフリカのジャッカルは、小型のオオカミや北米のコヨーテに似ている。（かつてキンイロジャッカルとみなされた北アフリカのイヌ科の一部は、実は以前は未認識のオオカミであり、今ではアフリカンゴールデンウルフという種として知られている。）アフリカにはまた、アビシニアジャッカル、別名エチオピアオオカミだけでなく、ケープハンティングドッグ（リカオン）――ブチの毛並みの、脚が長く、華奢な体格で、群れで狩りをするイヌ科――もいた。ケープハンティングドッグは実に上手なハンターだが、オオカミのように大型でもなく、大きな獲物を仕留めるのに成功もしない。ケープハンティングドッグは非常に有能な捕食者だけれども、オオカミの持つ特別な体格と力は、強い印象を与える長所である。

オオカミと現生人類がユーラシアで出合った時、不可解な、謎めいたことが起こった。長い間、古人類学者は多くの早期現生人類がアフリカから北上し、ヨーロッパに移住し、そこからさらに北と東に移動し、東欧、シベリア、東アジアから、さらにアメリカ大陸まで渡ったという事実に関心を寄せた。アメリカ大陸へは、今では海没している、極東アジアと北米西端を連結していたベーリンジアと呼ばれる陸塊の厳しい気候変動からの避難所を求めて渡ったのだろう。オオカミ・イヌは明らかにこうした人々と共に移動したか、イヌ科と人がベーリンジアに閉じ込められていた間、在地のオオカミから進化したと考えられる。こうした新しいイヌ科は、人間を巻き込むニッチに特殊化した動物へと進化したのだ。この事実は、アメリカ大陸に独特なイヌとシベリアに独特なイヌとの間に密接な遺伝的類似性があることから証明される。ヨーロッパの初期のオオカミ・イヌの証拠を疑う研究者たちでも、イヌを保有することはおそらくアメリカ大陸の人類祖先に重要な差異をもたらしたことには同意する。

一万五〇〇〇年前~一万四〇〇〇年前頃、人はオオカミでもオオカミ・イヌでもなく、イヌとして扱われた、イヌのように見えることに誰もが同意するイヌ科と共に暮らしていた。北東に移動した人々は、シベリアのシスバイカル地方に大型のイヌの墓地、さらに東のザバイカル地域にそれより小さな墓地を残した。ここのイヌたちは、入念に、そしてしばしばオーカーを振りまかれ、副葬品、ビーズ製ネックレスのような宝飾品と共に埋葬された。だがそうした最古の明白なイヌがオオカミ・イヌの子孫だったのか、それとも準家畜化されたイヌ科の別のグループに過ぎなかったのかは分かっていない。おそらくごく初期のヨーロッパのすべてのオオカミ・イヌは死に絶え、シベリア由来のイヌのように、さらに東のアジア由来のイヌに置換されたのだろう。これが、ローレント・フランツによるアジアのイヌとヨーロッパのイヌについての膨大な研究成果に基づいて広く受容されているシナリオである。この物語は、一部不完全だから、ややこしく紛らわしい(2)。

何が失われたのだろうか?

# 第八章　失われたイヌ

誰もが知るヨーロッパへの移住物語は、現生人類がアフリカからやって来たというものだ。それは、ユーラシアへの人類の地球大拡散の最後の一つを重視したものだ。ただ残念なことにこれは、最初の地球的な拡散の軽視を意味している。ユーラシア大陸への最後の移住の前に、一部の人類は早期現生人類の主要グループから既に離脱していた。その子孫が最終的にヨーロッパ、アジア、そしてその後にアメリカ大陸に落ち着くことになる。

これらの人々は、レヴァント地方や南ユーラシアの親類から分岐し、最終的には大オーストラリア大陸に落ち着いた早期現生人類の一集団だった。大オーストラリア大陸とは、オーストラリア本土、ニューギニア、タスマニア、そして今では島になっている（か完全に海没した）他の多くの地域を包含する超大陸である。ではこの人々は、大オーストラリア大陸にどのようにして到達したのだろうか？先史時代の様々な時期には海水準は今よりも低下していたので、彼ら早期現生人類は海岸沿いの道を南と東にたどり、七万～六万五〇〇〇年前頃に大オーストラリア大陸に到着した。彼らは、旅行者だった。このタイミングから考えると彼らは、早期現生人類が初めてアフリカから出た直後にヨーロッパに移住していった現生人類とは別グループだったと推定される。だから私たちは、彼らを最初のオーストラリア人――すなわち現代のオーストラリア先住民の祖先――と呼ぶことができる。彼らは疑いなく現生人類だったが、イヌは連れていなかった。

　彼らがオーストラリアにたどり着いた正確なルートは、ほとんど分かっていない。オーストラリアのあることは当時は誰も知らなかったから、彼らは定まった意思を持ってオーストラリアに行ったわけではない。残念なことに七万〜五万年前のヨーロッパ南部とアジア沿岸部から見つかっている化石と考古証拠はまことに少ない。大オーストラリア大陸は、海水準の上昇でその陸塊の約七〇%を失ったと推計されている。証拠を見つけるのが困難なのも当然である。だがアジア大陸（スンダと呼ばれる地域）から移動して来た時、最初のオーストラリア人がたどった大オーストラリア大陸への道の最後の部分が、ウォーレシア（ワラセラ）という島嶼の散らばる海域を突破する何度もの外洋航海を伴ったに違いないことは分かっている。彼らは、当時の南アジアにあった無数の島々を渡り、最終的には大オーストラリア大陸、すなわちサフルに至ったのだ（六二ページの地図参照）。

　こうした外洋航海をしなければならなかったことが、これより古いヒト族、例えばホモ・エレクトスのオーストラリアへの到達をまだ妨げていただろう。ただホモ・エレクトスの骨化石は、今のインドネシアと中国では残されている。この古代型ヒト族は、大オーストラリア大陸に移動するのには適した場所にいたが、それに適した技術も情報も持っていなかった。一部の古代型ヒト族はフィリピン諸島に到達し、また一部は現在のインドネシアのフローレス島に上陸していた。そこでは彼らは「島嶼化」と呼ばれる現象である体型の矮小化を経験したようだ。島では、獲物となる動物、可食植物、淡水、安全な洞窟などのような資源が必然的に限られるから、島に棲む多くの動物は身体的に小さくなる——矮小化する——か逆にさらに大型化する。だから例えば古代のフローレス島には、小さなゾウ（ドワーフステゴドン）と巨大ネズミがいた。資源を巡る競争のこれと似た現象は、フローレス島のホモ・フロレシエンシスやフィリピン諸島のホモ・ルゾネンシスという名の非常に小さなヒト族が進化したことの説明となるかもしれない。この二種はいずれもかなり低身長で、成人でも身長は一メートルをちょっと超えた程度だったようで、他地域から発見されているヒト族とあまり似ていなかった。ホモ・フロレシエンシスとして知られる骨は、約一〇万～六万年前頃の化石で、十数個体から成る。この人類種は、単なる変わった個人というわけではなく、長い期間持続した個体群だった。フィリピン諸島のホモ・ルゾネンシスは、約五万年前と年代推定されているが、わずか三個体と数個の骨で表されているだけだ(1)。

これら小型人類は、海に適応した技術を明らかに備えていなかったが、石器を作り、島に棲む動物を狩猟するのには成功していた。島嶼化による矮小化は、それぞれの島から立ち去るのが容易だったとしたら、起こらなかっただろう。海に適応した技術、定期的な漁労、甲殻類や貝類の消費のあった考古証拠も無い。したがって古代型の二種はオーストラリアには行かなかったが、早期現生人類は行った。どのようにして、そしてなぜ？

様々なルートの探求は、一九七〇年代にジョセフ・バードセルフによって始められ、それ以来、今も続いている。海流、潮の流れ、陸の様々な配置などから、どの外洋航海ルートを使えば少しでもルートが短縮されるのか、したがって容易になるのかを検討し、これまで様々なルートが推定されてきた。航海はどれ一つとっても、とうてい容易なものはなかった。ゾウの一種のステゴドンは、かつてスンダ（アジア）からウォーレシアを経て、大オーストラリア大陸の西の島に、ヒトの支援なく新しい土地で生きていける個体群を確立するのに十分な数で渡った、人類以外の唯一の中型-大型陸上動物だった。

人がオーストラリアに定住するには、舟を作り、なにがしかの航海技術を得た後、全体で四日から七日、おそらくはそれ以上もかかる、少なくとも八回、たぶん一七回もの外洋航海が必要とされた。命を支えるそうした技術に含まれるものとして、ロープや糸、籠、網を作るための繊維工芸、淡水を貯めておくのに適した容器、多用途の道具を持つという安全確保手段がある。人がティモール島からオーストラリア北西部に渡るとすれば、外洋航海の距離は九〇キロにも達しただろう。[2]

海水準が低く、陸塊が大きくなった時、対岸が見えたであろうこの沿岸ルート沿いの有望な場所は、ほんの二、三カ所しかなかった。大オーストラリア大陸に渡るには様々な舟出のできそうな場所があったが、そこからの距離は途方もなく遠いので、とうてい泳ぎ渡ることはできなかった。いろいろな航海距離を合計すると、少なくとも七〇キロはあった。外洋航海だけでも、最初のオーストラリア人が舟を作る技術、海辺での生活技術、外洋の航海技術を持っていた証拠となる。ウィリアム・ノーブルとイアン・デービッドソンは、舟の製作と海洋適応が三つの側面——すなわち情報の流れの増加、しっかりした計画性の深化、概念化能力——の側面で現生人類の認知能力を実証することを理解した最初の研究者だった。二人はこう主張する。大オーストラリア大陸への到達によってわかる行動の変化は、この現生人類が言語を備えていたことを示している、と。[3]

アリゾナ州立大の考古学者であるカーティス・マレアンは、この数年間、古い時代の人類の沿岸適応の発達について考え続けてきた。彼の主な調査研究は南アフリカのピナクルス・ポイントのような早期現生人類の遺跡でなされたのだが、彼がそこで見つけたことは、最初のオーストラリア人になった人類に対しても十分に適用できる。ピナクルス・ポイントの海岸に開口する一洞窟（PP13という名）で発掘された遺物は、一六万年前頃の古い人類が甲殻類を恒常的に採取し始めていたことを実証した。彼らは陸生動物の狩猟をやめたわけではなく、これらの新しく価値の高い海産資源を自らの食に含めることで単に食戦略を強化したのだ。彼らは火もおこし、頻繁に顔料も使った（二〇一〇年までの調査で、約四〇〇点ものオーカー片がPP13洞窟から発掘されていた。このすべてに、磨り減り痕か他の使用の印が見られた）し、投げ槍や弓矢のような投擲《とうてき》用狩猟具に装着できる小型で精巧な石刃を作っていた。時には洞窟の住人たちは石材の一種である珪質礫岩（シルクリート）の加熱もしていた。石器を作るのに石材の質の向上させるためだ。甲殻類の恒常的な食用と珪質礫岩の加熱処理は、いずれもこうした行動の知られる限り最古の記録である。これらは、新しい食物と石器製作の新しい素材にアクセスした点で、人類の新しい生態的ニッチの幕開けを告げる信じられないほど重要な発見だった。(4)

南アフリカの古気候の復元から、マレアンの調査チームは、洞窟内遺物のサンプルから得られた一九万五〇〇〇年前頃に始まり一二万五〇〇〇年前頃まで続いた時代は特に長い、寒冷で困難な氷河期であったと推定した。世界的基準ではこの時期は、海洋酸素同位体ステージ6として知られている。たいていの場合、このような厳しい氷河期は、サハラ以南のアフリカでは砂漠と乾燥地が拡大する乾燥化の進展という形で表れる。つまり人類史の古い時期に主要食料であった動物と植物は、この頃は以前より乏しくなったであろう。豊富な海浜性食料——甲殻類、魚類、たまに手に入る海獣類——は、生存するうえでの恩恵であった。海浜性食料は、獲得が相対的に容易であるうえ、蛋白質、カロリー、脂肪が豊富だ。石器製作のための海岸の石材と顔料の露頭も重要で、それらは入手容易だった。以上のような新しく利用されるようになった資源の遺物は、ピナクルス・ポイントの考古記録では一般的である。そこは、困難な気候条件のもとでの早期現生人類の一種の避難所だったのかもしれない。

マレアンの仮説では、海産資源の利用は人類という種の不可解な複合性の一つの発展を促したのかもしれないという。人は外部の集団に対して、安定した重要な資源を防衛しようとする傾向と共に、集団で協力して働く傾向も併せ持つ。ハマグリやイガイは食物としてはかなり小さいので、協力して働き、効率的にたくさんの甲殻類を運ぶ手段を発明することは、大切だっただろう。貝類の繁殖場所はすぐには動かせないので、貝類の繁殖場の集中している所は、他の集団から防衛する価値が十分なほどに重要だっただろう。

彼らと同様に海産資源は、オーストラリアに沿岸ルートを取った人類集団には極めて重要だったと思われる。アジアの南岸沿いに移動することにより、彼らには見慣れた海産資源を獲得し続けることができた。さらに気候の方も、北方よりも多少なりとも温和だっただろう。やがて彼ら沿岸居住民たちは、網、魚を捕らえる罠、筏や舟の役割をする単純な装置を明らかに試し始めた。単純化して言えば、マレアンが南アフリカの調査で見つけたように、最初のオーストラリア人になった人々は、海洋と沿岸についての言語を学び、移動能力だけでなく、食物の幅も広げた。ことに興味をそそられるのは、ピナクルス・ポイントで見つかった技術革新――海産資源の積極的利用、オーカーの使用、加熱処理した珪質礫岩の利用、鋸における歯のように大きな材に埋め込んだ小型石刃の発展――の一部がオーストラリアの最古期の考古遺跡でも発見されてきたことだ。

彼ら将来のオーストラリア人はさらに学び続けたので、彼らの外洋航海の距離はいっそう長くなり、航海技術はさらに巧みになり、さほどの努力もなく、ある島から隣の島へと移動する能力は向上した。

ついに――読者がどう見るかによるが、あるいは初めて――彼ら早期現生人類は、それまで見たこともない非常に大きな島に遭遇した。大オーストラリア大陸（サフル大陸）は、果てがないように見えたに違いない。そこには初めて見る動物や鳥が満ちており、彼らは全く人を知らなかったので大半の者たちが驚くほど簡単に捕獲し、殺すことができた。これまで知られた中ではオーストラリア最古の遺跡であるマジェドベベ岩陰は、六万五〇〇〇年前頃にはサフル大陸に人類が到着していたことを示す。別の現生人類が中部ヨーロッパに到達した時よりも、それは少なくとも一万五〇〇〇年は古いのだ。その年代に懐疑的な研究者でさえ、大オーストラリア大陸への上陸の年代として五万年前頃という意見には賛成している。最初はヨーロッパでの進展に集中していた人類の進化と移住という研究の糸は、オーストラリアでのこのような古い遺跡の発見で根底から覆された。オーストラリアこそ最初だったのだ(5)。

もちろん現生人類は、自分たちが新しい大陸に入ったとは知るよしもなかった。それでも彼らは、そこには自分たちが他の島で見知っていたものとは全く違った植物、魚、動物、景観があることを理解したに違いない。サフルには哺乳類がいっぱいいた。それらの多くは、カンガルーやフクロネズミなどのような明らかに奇妙な動物たちだった。カンガルーの頭は羚羊類やシカの頭に形は不気味なほど似ていたが、私たちの祖先がアフリカ以来なじみ深かった草食獣は、どれ一つとして目の前の動物のように二本脚で跳ねたり、バランスを取るために大きなしっぽを使ってまっすぐに立ったり、袋の中で新生児を育てたりはしなかった。二、三のコウモリ、ネズミ、そしてハリモグラやカモノハシ（両者とも単孔類に分類される）のような奇妙な産卵する土着哺乳類を例外として、大オーストラリア大陸の中型‐大型哺乳類のすべては、アフリカとヨーロッパの有胎盤哺乳類とは全く違った繁殖システムを持つ有袋類だった。有袋類の繁殖システムに、彼らの仔は発達段階のかなりの未熟児状態で――ほとんど胎児で――生まれるという事実がある。アフリカの羚羊類やユーラシアのシカがやっているのと違い、それらの仔はいずれも誕生後数分で立ち上がって跳んだり走ったりはしない。有袋類は非常にのんびりした発達をする動物で、母親の袋の中で長い期間を過ごす。

偶発的事故か練り上げた計画だったかはさておき、アジアを越えるのに海岸ルートを取ったことは、将来のオーストラリア人が温暖期と氷河時代のヨーロッパにいたネコ科、イヌ科、ハイエナ科、クマ科に似た北の肉食動物と遭遇する恐れをほぼ無くした。このルートを取れば、ひどい寒冷な温度とユーラシア中部や同北部で生き延びるための特殊な問題も回避できた。しかし東方に移動した際に海岸ルートを取った将来のオーストラリア人は、インド、中国南部、東南アジア内陸部、今のインドネシアにほとんど何も証拠を残さなかった。

復元可能な最良なものとして、南寄りの海岸ルートこそ、何か重要なチャンスを提示しているだろう。一度漁労の仕方、とりわけ甲殻類の集め方を学んだので、人々は価値の高い、新しい食資源を入手した。それらの食資源は、どこにあるか予測可能で、しかも豊富にあり、カロリーも濃厚だった。魚は旅の間に習得した技術を使って、槍で突くか、網で捕るか、釣り針で釣るか、手づかみしなければならなかったが、甲殻類は集めやすく、カンガルーやワラビーで行うような追跡をする必要もなかった。

マレアンは「海岸適応」を、「海岸の資源が、所与のコミュニティーの栄養的、技術的、社会的な面から見て重要で中心的役割を果たす生活法」と定義した。さらに進んだ技術を持った人々は、「栄養があり、生の食資源の収集を助ける、外洋に漕ぎ出せる舟の使用を含み」(6)、マレアンの用語の「海岸適応」

を発展させている。

マレアンの定義は、オーストラリアの定住、特にオーストラリア西海岸から離れた（かつてはジェリマライと呼ばれた）アシタウ・クルとレナ・ハラ——いずれも東ティモールという島国にある重要な遺跡——に関しては適用できる。

アシタウ・クル遺跡の各層は、最先端科学技術を用いてしっかりと年代測定されている。最下層の年代は、四万二〇〇〇年前〜三万八〇〇〇年前である。そして最も若い文化層は、約五〇〇〇年前〜四六〇〇年前になる。大量のチャート製石器に加えて、骨製尖頭器、魚の釣り針、貝製のビーズも出土している。それだけでなく各文化層を通じて、一貫して動物骨も出土する。動物骨はそれらの文化層に痕跡を残した人々が海産資源の熟達した捕獲者だったことを明確に示している。調査研究者たちは、少なくとも七九六個体の魚類を代表する三万八〇〇〇点以上の魚骨を回収した。これらの魚骨の（重さにして）ほぼ半数は、例えばマグロのように外洋性の魚種で、残りが沿岸魚である。他の文化層では、ウミガメ遺存体が多い。海に漕ぎ出して捕る魚の骨は、こうした人々がある種の舟を作り、使っていたことを実証している。ただアシタウ・クル遺跡から、釣り針はたった二点しか出土していない。両者とも貝製で、また遺跡の比較的新しい時期に作られていた。古い方の釣り針（発見された中では世界最古）は、二万三〇〇〇〜一万六〇〇〇年前の年代になる。新しい方の釣り針は、もっと完全である。二つとも、餌を付ける鈎一つの釣り用として作られていた。アシタウ・クルの人々は、大型魚の脊椎から作られた、魚獲り用の組み合わせ漁具の一部だったと思われる骨製尖頭器も残していた。そうした漁具は、魚を突く槍や引き釣り用の複数の鈎の付いた釣り具だったのだろう。海産資源は、偶然にでも時々でもなく、舟を使い、特殊な技術で、組織的に獲られていた。この漁は、少なくとも三万八〇〇〇年間実践され、反復されてきた、人間の努力だった。遺跡には、ネズミ、コウモリ、鳥、ニシキヘビとオオトカゲのような各種陸棲爬虫類の骨も少量残っていた。(7)

現在も行われているアシタウ・クルの発掘調査ではこれまでに、加工が施され、研磨されたオウムガイの貝殻で作られた、注目すべき遺物が五点、発見されている。その一部は、赤いオーカーで彩色が施されていた。貝殻の破片は、研磨されて貝殻の外側の白色の層が除去され、パール母貝の内側の真珠層のような層が露出していた。(浜辺で採取された現代のオウムガイの貝殻で行った実験の結果、考古学者のスー・オコーナーらの研究チームは、手近にあって容易に入手できるきめの細かい砂岩で外側の層を磨き除去できることを示した。)この貝の内側の層は天然の真珠層だが、加工された破片の外側の層は、赤鉄鉱かきめの細かい軽石で研磨され、高い光沢を作り出していた。調査チームは、研磨され、穿孔された貝殻製の完全なペンダント一点とそれと接合する壊れたペンダント片数点を、回収した。オウムガイ製の遺物のうち四点は、遺物の発掘された層から見つかっていないオーカーで彩色されていた。貝の自然の赤みがかった茶色と白の配色に加え、赤と白の装飾パターンを創り出すオーカーの利用は、こうしたパターンが象徴的意味を持ち、また重要だったことを推定させる。

オコーナーと彼女の仲間は、こうした遺物の解釈には慎重を期している。東南アジア島嶼部でオウムガイは、時たま食用にされてきたが、大きな貝殻とその独特の色合いから食用以上のものとして評価されている。オコーナーたちは、多くはないが一貫して装飾品の製作にオウムガイの貝殻が利用され続けたことから、アシタウ・クル遺跡を残した人々にとってこの地元産の貝が特別な象徴的意味を指し示す

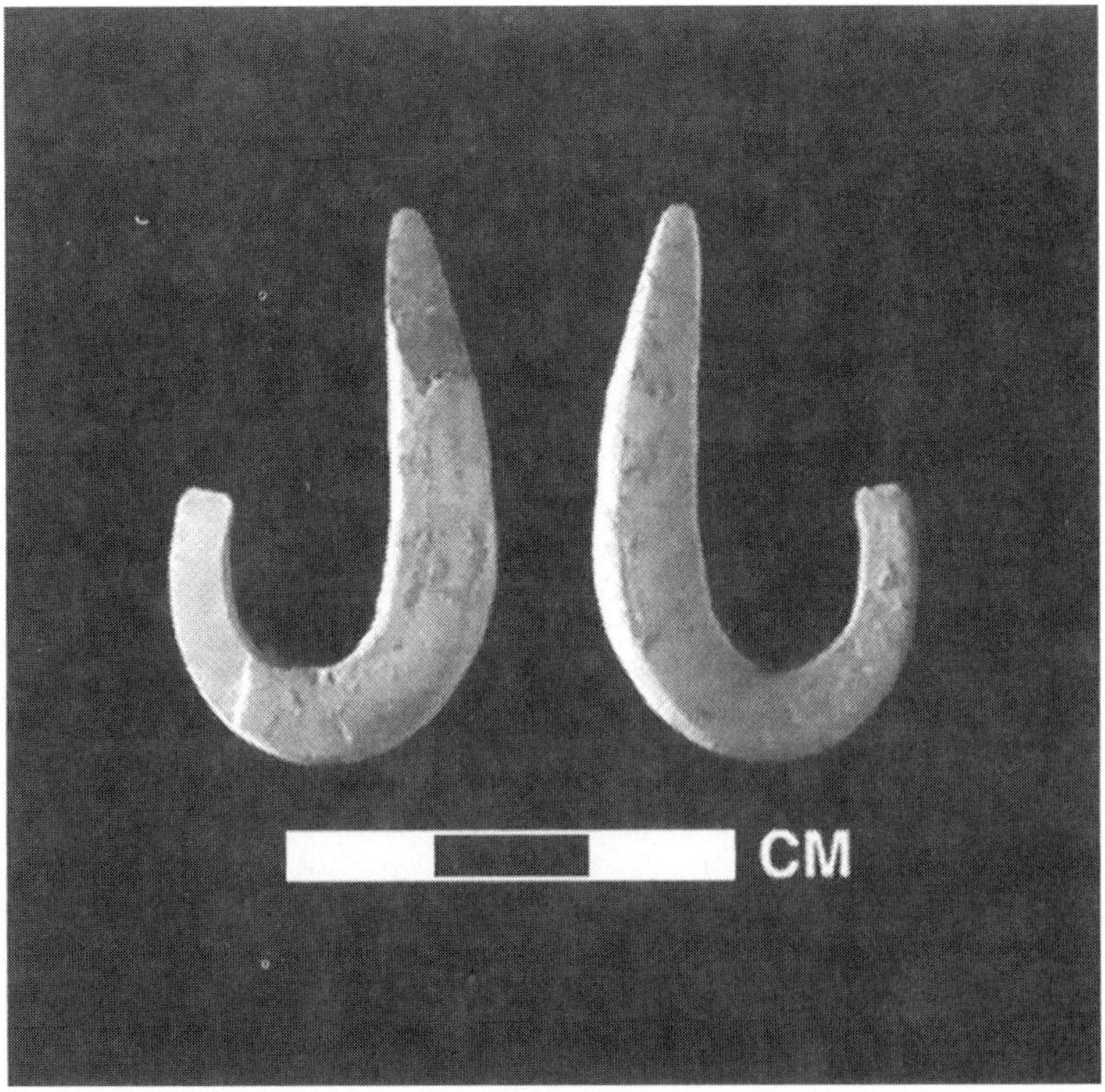


貝製のこの釣り針は、東南アジア島嶼部の早期現生人類が海産資源に依存していたという考えを支持している。この釣り針は、今はアシタウ・クルと呼ばれる（旧称はジェリマライ）東ティモールの洞窟から出土した2点のうちの若い方の遺物である。釣り針の年代は9741年前±60年で、釣り針の直下の層から出た貝殻は1万0050年±80年と年代測定された。東南アジア島嶼部での釣り針製作技術の最古の証拠である。魚骨には、マグロのような外洋性の魚種が含まれ、これは外洋へ舟が漕ぎ出されていたことを示す。スケールのそれぞれは1センチ。

物であったことを示すと言う。海岸は、食物ばかりでなく、特定の集団にとってかけがえのない象徴品を創り出す機会も提供したのだ。同様に年代にしてアフリカやヨーロッパよりはるかに早い時代に様々な貝種から作られたビーズは、一集団の長く続いた象徴かそれを指し示す物であった〔イスラエルのスフール洞窟とアルジェリアのウエド・ジェブバナ（Oued Djebbana）では一〇万〜九万年前の、また南アフリカのブロンボス洞窟では七万五〇〇〇年前の貝製ビーズが見つかっているので、アシタウ・クル遺跡のビーズは最古ではない〕。

総合して、アシタウ・クル遺跡の発見遺物を考えると早期現生人類は、サフル大陸に近接した東南アジアに遅くとも四万二〇〇〇年前には、そしておそらくはそれよりももっと早い時に到達していたと見ることができる。彼らは、日常的な食料源として海岸近くからばかりでなく、舟でしか到達できないほど遠く離れた外洋の島で採れる海産資源を利用して明確に海洋適応を発展させた。それに加えて彼らは、特殊で、その地域固有の海産資源を利用して、装飾品を創っていた。それは、特にその土地の、あるいは地域的な親族グループ、もしくは部族の一員であることを象徴するものだったかもしれない。生きたオウムガイはいつもは深海にいるから、それを採捕するのは困難だっただろうが、貝殻自体は、オウムガイの死後、自然に岸に打ち上げられるのだ(8)。

このレベルの海産資源利用の高度化とその開発は、あらゆる点で最初のオーストラリア人にも期待できることだ。大オーストラリア大陸の最古の考古遺跡は、今では六万五〇〇〇年前頃に遡るが、ティモール島のように大陸に近い所での海洋民族の存在はスンダからサフル大陸への人類の移住と完全に調和している。

人がさらに海とその資源に依存し始めると、彼らはある種の舟か何らかの航海手段、そしてロープ、糸、さらにはおそらく帆の作り方を学んだ。彼らは、周囲に順応し、技術改良を進め、発見し、ついにはオーストラリア大陸という新しい世界へ勇敢に挑戦した。彼らの進化、移住、技術は、人類史の第二の筋道を構成している。移住そのものは大部分が謎のままなので、オーストラリアの「定住」については、オーストラリアへの「到達」についてほど分かっているわけではない。

いくつかの争う余地の無い事実の一つは、サフル大陸への最初の人類の到達は、アジアから何回もの外洋航海が必要だったに違いないということだ。このような渡海の必要性は、この大陸に新しい動物種が侵入した機会は限られた回数しかなかったことの説明になるだろう。東南アジア島嶼部の様々な地点からのオーストラリアへの距離は、歴史的には海水準の上昇と下降につれて変動した。

オーストラリア北西岸沖のバロー島にあるブーディィー洞窟――この遺跡に人が住んだ時は、バロー島はオーストラリア大陸の一部を構成していた――で行われた最新の発掘とその分析から、人類はたぶん五万一〇〇〇年前にはこの島に到達していたことが明らかになっている。考古学調査で発見された遺物には、石器と貝器、木炭の他、貝、ウニ、魚骨、カメ、そしてその他の脊椎動物と非脊椎動物の遺存体が含まれる。マイケル・バードに率いられた調査隊は、この生活様式を「海浜砂漠適応」と呼ぶ。海岸とそれに隣接する砂漠居住地の両方の資源を成功裏に利用した適応である(9)。

バードの調査隊が海底地理と見晴らしのきく地点を分析したことによって、二つの事実が明らかになった。第一に、それ以前の考えに反してサフルの列島鎖にある島の中には、五万五〇〇〇年前頃はティモール島とロテ島の一部の場所から視認できる島があり、探察に出かけた人たちは、新しい場所のように見えた所が全く別の場所「だった」と知った。彼らが隣の島を実際に見られなかったとしても、おそらくその存在を示す雲の情報を見ることができた。オーストラリアへの到達は、天変地異による偶発事故ではなく、探検の結果であった可能性が高い。

第二に、漂流航海のシミュレーションに基づいて、ティモール島やロテ島から偶然、カヌーか筏で漕ぎ出て、オーストラリア大陸に上陸した蓋然性は極めて小さい、とバードたちは計算した。一見したところ、持続的な集団を形成できるだけの人々が、地理的に近く、長期間かからなそうなオーストラリアに、優れた航海技術を持たずに漕ぎ着ける可能性は小さそうに思える。仮に大オーストラリア大陸への植民が偶然の産物だったとすれば、その前提として想定しなければならないのは、「丸太に乗った妊娠した女性」仮説から丸木舟や筏のような粗末な航海手段で少人数の漁民かそれ以外の目的の舟乗りが、嵐や津波、それ以外の滅多に起こらないような出来事によってオーストラリアに漕ぎ寄せられたという着想までに多岐にわたる。したがってバード調査隊は、東南アジア島嶼部の島々の間の移住は、十分な意図のもとで、櫂で漕ぐ航海でなされたと推定するのだ。

島と島との間の航海による旅は、舟に乗る民族の間ではごく当たり前である。そのために必要な外洋航海は古代型人類が大オーストラリア大陸へ到達するための妨げではあっただろうが、現生人類が航海技術、操船技術、舟作り、漁労、糸・網・ロープの製作を習得していたなら、そうした航海は日常生活の一部となっていただろう。未知の領域へ繰り出すそのような旅を計画し、実行するには、明らかに深い洞察力と複雑で多面的技術を着想できる能力が必要だ。さらに役に立つ種類の航海手段の製作は、様々な時、様々な場所で生まれた技術構成要素を用い、それ以前には決して直面したことのなかった困

難を解決したり耐え忍んだりすることで達成されただろう。(10)

オーストラリアへの植民についての解釈は、外洋で行われた漁労、広範囲に及ぶ海産資源の利用、東ティモールのアシタウ・クル遺跡とレナ・ハラ遺跡で発見された貝と海洋資源の使用の証拠によって一部裏付けられている。両遺跡の年代とも四万二〇〇〇年～三万五〇〇〇年前頃――バロー島のブーディー洞窟の居住よりも新しい――だが、その証拠は島というこの場所での海洋適応がそれらより古い他の遺跡のものとは異なる人工品を何も伴っていなかったことを実証している。ひとたび必須の生活技術、何かを計画する能力、認知的技術が獲得されていたら、海は障害物ではなく、別の海岸線、別の珊瑚礁、別の外洋領域を探検する招待状となったのである。

# 第九章　適応

現生人類が海洋技術を習得し、大オーストラリア大陸に到達した時、どんな特別の技術的進歩よりも、大オーストラリア大陸の地理と天然資源についての詳しい知識の獲得と維持は人間が生存していくのに必須になった、と私は言いたい。彼らは、イヌを連れていなかったからだ。

最初のオーストラリア人がサフル大陸で生きていこうとして習得しなければならなかっただろう最も重要な知識は、一時的に、そして恒久的に利用できる水資源のある場所だった。マイケル・バードらによる調査では、オーストラリアで知られている三万年前より古い五五カ所の考古遺跡はすべて、枯れることのない水場から四〇キロ、すなわち徒歩二日圏内にあることが分かった。それらの遺跡の八四％は、この水場へは徒歩一日内にある。最も近い水場がどこにあるかの知識は死命を制するものだったろうし、この驚くべき数字は地理上の知識に基づいた生活遺跡の熟慮の末の配置と、水無しでどれだけの距離を歩けるかという強い判断のあったことを示している。それらより新しい遺跡――三万年前より古くはない遺跡――の一〇四九カ所というもっと大きなサンプルでは、水場に徒歩一日で行ける所は六五％しかない。バード調査隊は、こう述べる。「このように乾燥そのものは、長く居住するにしろ一時的に立寄るだけにしろ必ずしも障害ではない。どこに、どれだけの期間、オーストラリア内陸部に人間が住むことができ、一時的に立ち寄れるかを決めるのは、むしろ洪水の持続する期間と洪水の時の水へのアクセス、そして自分たちが見渡せる中でどこに、いつでも使える水場があるか、ということである」[1]。

オーストラリアの定住を概観するもう一つの道は、以下を問うことである。初めての到達後にどれだけの時間をかけて最初のオーストラリア人は乾燥したオーストラリア中央部に居住できるだけのことを学んだのか？ そこはおそらく今日でさえ、人が住むのには最も困難な環境地帯だ。オーストラリア中心部の年降水量は二〇〇ミリにも達しない所が多いし、いつも水が得られる水源は乏しい。

四万九〇〇〇年前頃の大型獣の骨と石器が保存されている岩陰であるウァーラトゥイは、乾燥したオーストラリア中央部にあり、確実に年代測定された最古の考古遺跡である。この年代が正しいとすれば、マジェドベベ岩陰の最古の層とウァーラトゥイ岩陰の最古の層との間には一万六〇〇〇年の年代差がある。石器を包含するマジェドベベの最上位の層の年代は一万八〇〇〇年前だから、マジェドベベの居住期間は乾燥地帯に人が住むことができた時に及んでいる。ウァーラトゥイ岩陰には人がいた証拠ばかりか、ごく古いオーカー利用、石膏利用、骨器、柄の付けられた石器、片側だけが刃潰しされ、一種の柄か長い素材にしばしば装着された小型石器、そしてエミューの卵殻といった文化的革新のあった証拠も残っている。この岩陰には、ディプロトドンのようなオーストラリア固有の大型動物の狩猟の証拠も保存されている。ディプロトドンは、ウォンバットに近い動物で、カバほどの大きさがあり、体重は約二七九〇キロもあった。発見されたこの骨は、石英粒子を測定する光励起ルミネッセンス法によって年代が測られたきちんとした層の中にあった。また同層は、炉の木炭と鳥（おそらく大型の飛べない鳥であるゲニオルニス・ニュートニ：*Genyornis newtoni* のものと思われる）の卵殻を試料に放射性炭素年代測定法でも年代推定されている。[2]

大オーストラリア大陸への古い時代の人類の渡来を推定させるもう一つの遺跡が、アーネムランドのナウワラビラ岩陰である。この岩陰は、マジェドベベにかなり近い所にある。放射性炭素年代と光励起ルミネッセンス年代の組み合わせで、ナウワラビラ岩陰にはおそらく五万年以上前、最も確からしいのは五万七〇〇〇年前頃に人が居住していたらしいことが結論づけられた。ジェームズ・オコーネルとジェームズ・アレンは、人工品はこの遺跡で攪乱により下層に——実際より下の層の、より年代の古い堆積層中に——紛れ込んだかもしれず、したがって誤った古い年代値を示している可能性があるという理由で、この年代に疑問符を付けた。この可能性を排除したり確かめたりする証拠は無い。なおオコーネルとアレンは、オーストラリアの遺跡の古い年代値に対してしばしば疑問を呈してきた。[3]

別の有名なムンゴー湖遺跡から発見された人類骨格は、初めはさらに古い、六万二〇〇〇年前頃と考えられたが、光励起ルミネッセンス年代法を用いたその後の研究で、この年代値は覆された。ムンゴー湖三号埋葬骨格は、今では四万二〇〇〇年前〜四万年前頃と広く認められている。この地域はウィランドラ・レイクスと呼ばれ、その中で最も重要な遺跡がムンゴー湖遺跡だが、今ではそこには恒久的な水域は無い。今や干上がった湖沼を埋めたと考えられる砂丘があるだけだ。同地域のそれ以外の更新世遺跡には、小型、中型サイズの哺乳類という前記遺跡群より小さな、動物骨と並んで、貝殻、魚骨、淡水性エビ類が見つかっている。魚の骨の大きさが限られていることから、採捕に網の使用が推定される。ムンゴー湖三号人骨とニューサウスウェールズ出土の二番目の個体であるムンゴー湖一号火葬骨がかなり古いという主張から、北西岸から南東岸へというオーストラリア大陸内の人類の非常に急速な移動が以前は推定されたが、それらの年代は修正されてきている。

いずれにしろ、最初のオーストラリア人が中央砂漠を突っ切って旅したとしても——現在の人間でさえ極端に困難で危険でさえある地形である——、このルートは上陸後に二〇〇〇キロ以上の移住、陸上の拡散を余儀なくさせられる。それには、途中の様々な居住地と食資源への適応が必要だ。さほど危険ではない沿岸ルートをたどるのは、はるかに長距離を必要とするが、途中に新たに適応を必要とする環境はほとんどない(4)。

もう一つの重要遺跡であるオーストラリア南東部のデヴィルズ・レア（「悪魔の隠れ家」）も、上陸の行われた所からはかなりの道のりである。四万八〇〇〇年前と年代推定されたデヴィルズ・レアは、動物骨、小型薄片を基にした石器インダストリー、そして木炭を含む連続した文化層をもたらしている。砕いて焼かれて炭化した大量の骨は、サザンバンディクート、フクロネズミカンガルー、カンガルーという陸棲動物の狩りに大きく依存していたことを物語る。前二者は、網か罠で捕らえることができただろうが、カンガルーは大型動物であり、一種の飛び道具を必要としたことはほぼ確実だろう(5)。

西オーストラリア乾燥地帯の沿岸部からは四万〜三万五〇〇〇年前の数カ所の遺跡が見つかっている（例えばマンドゥ・マンドゥ、ジャンスツ、C99、ピルゴナマンなど）。海棲の貝類、カニ、ウニばかりでなく、ワラビーのような小型の陸棲有袋類の遺存体もあるが、主に沿岸居住の証拠が発見されている。しかし前述した四万九〇〇〇年前のウァーラトゥイ岩陰は、現在のところは乾燥した中央部に人の居住を記録した最古の層位的な遺跡である。そこで見つかった人工品は、その環境への完全な適応を実証している(6)。

上記の最古の遺跡群で特に言及すべきものとして、刃部を研磨した、これまで知られている中で最古の石斧（局部磨製石斧）がある。長い間、オーストラリア北西部にあるカーペンターズ・ギャップ（Carpenter's Gap）Ⅰ遺跡から、最古の玄武岩製局部磨製石斧が出土していたことが知られている。その石斧は、少なくとも四万九〇〇〇年前～四万年前である。ピーター・ヒスコックの率いる分析チームは、一連の入念な実験と研究によって予想される批判を事前に防いだ。正しい堆積層から下層へ陥入してきた可能性のある石器と原位置のままの石器を間違えないようにするため、ヒスコックたちは石斧の薄片の大きさ、まとまりとそれらの垂直の層位における薄片のまとまりとの関係を探した。だがその関係は何も見つからなかった。石斧の薄片に残る製作痕跡を分析したところ、研磨技術が大規模に用いられ、石斧は成形後に刃部が研磨されて滑らかにされていたことが分かった。大オーストラリア大陸の北東にある島々の、大まかに見て同時代の考古遺跡には、そうした石斧は知られていない。そのことから、局部磨製石斧はオーストラリア到達時かその直後に、オーストラリアで発明されたと見られる。この技術革新は、新しい環境に適応するための必要性によって引き起こされたのかもしれない(7)。

この新しい技術革新を備えた遺跡は、他にオーストラリア北部のいくつかの遺跡で見られる。そうした遺跡に、マラナンガー、ウィジンガリⅠ、ナウワラビラ、ナワモイン、ナワーラ・ガバーンマング、サンディ・クリーク、そして今や——他の遺跡群のどりよりも古い——マジェドベベがある。ニューギニアのドベライ半島（Bird's Head Peninsula）の真西、ウォーレシアのマルク群島オビ島でのなされた発掘調査のごく最近の報告で、美麗な磨製石斧が見つかった。その遺跡には一万七五〇〇年前に人が住み始めたけれども、石斧製作の最古の証拠は一万四〇〇〇年前頃に現れた。また最古の人工品は、石ではなく、大きな二枚貝の貝殻で作られている。石斧製作の際に出た薄片は、一万二〇〇〇年前頃に現れる。

これは、気候の温暖化と森林の退縮で大規模に森が焼き払われたというメッセージなのかもしれない。これはオビ島での最初の発掘調査で、しかも小規模なものだったので、局部磨製石斧や貝製の斧か手斧を包含する古い遺跡が他にもあるかどうか、まだ分かっていない。

そのような斧と手斧の発達は、製作が特別に難しく、時間のかかる新技術――ウォーレシアを突破するのに役立ったかもしれない技術――の創造を示している。この島はスンダからサフルへと移住する最低コストのルートの一つに位置していて、熱帯雨林に深く覆われている。磨製石斧と貝製斧は、民族誌からもこの地域で使われていたことが知られていて、森の伐採、重作業の木工、渡海手段の製作に用いられていた。オビ島の遺跡で見つけられた骨の第一に多い陸棲動物はクスクス（ファランゲル・ロトシルデ *Phalanger rothschildi*）である。クスクスは、この島の土着動物だったかもしれない[8]。

さらに胴のくびれた石斧が、五万〜四万年以上前のパプアニューギニアのフオン半島のボボンガラといくつかの遺跡、そしてイヴァン渓谷のいくつもの遺跡から発掘されている。これらの斧は、摩耗した使用痕から判断して、木工細工と森の伐採に使われたものと思われる。ここでもまた、新しい環境に対処するための新しい石器が創造されたのかもしれない。

残された石斧に加えて、カーペンターズ・ギャップI遺跡では、四万六〇〇〇年以上前のオーカーを塗られた厚板と先端を尖らせた骨器が見つかっている。これはオーストラリアにおける加工され、使用された最古の骨器である。民族誌資料と顕微鏡による摩耗痕を基に、この珍しい道具は、鼻飾りか骨製の錐のどちらかであった可能性が最も大きい[9]。

様々な遺跡から得られた情報を組み合わせて、ピーター・ヒスコック、スー・オコナー、ジェーン・

バルメ、ティム・マロニーは、次のように述べる。「地理的な差異と行動の地域伝統の見られることが、人類のサフル大陸への植民の技術で明確になっている。例えば北部オーストラリアの有柄の磨製石斧とパプアニューギニアの打製／胴のくびれた非磨製石斧が更新世に利用されており、そのことははっきりしている。その一方でオーストラリアの南方部三分の二には、全く石斧は無い」。言い換えれば新しい石器技術と石器における地域差は、オーストラリアに人類が住んだごく初期から――分かっている限りで最古の遺跡を含めて――ほぼ存在していた。ただし大オーストラリア大陸への早期の移住者たちのすべては単一集団に由来した可能性が高い。つまり人々が上陸してから新しい居住地へ拡散していった時に、進出先の土地の必要性に応じて自らの石器技術を修正したのだろう。(10)

同じ理由から言語の差異化も、オーストラリア上陸時に起こった可能性が高いだろう。ただし白人と接触した時のオーストラリアとニューギニアの言語――一二〇〇以上もの言語が含まれる――を分析した結果は、途方もない差異・ばらつきを示す。言語の、そして石器技術の両方の証拠は、人の大オーストラリア大陸への到達は、たった一度きりか、複数だったとしてもごくごく少数回だったことを推定させる。

最初に上陸した人の頭数がどれだけ多かったにしても、たぶん未知の土地で生きのびる機会を高めるため、上陸した集団はほとんど即座に小集団へと分裂しただろう。大オーストラリア大陸の様々な分布域、様々な土地での考古遺跡の数は、おそらくは一時的に滞在した遊動する小集団の連綿として続いた跡を反映したものなのだろう。六万五〇〇〇年前（あるいはもっと手堅く見積もって五万年前より前のいつの時か）の大オーストラリア大陸への到達は、したがってまず十分に信頼できる結論である。もちろん、オーストラリア大陸に足を踏み入れたまさに最初の移住者によって形成された考古遺跡を発見できる見込みは現実的に期待できそうもないが、マジェドベべと、年代的に五万五〇〇〇年〜四万五〇〇〇年前頃の遺跡群から得られた証拠は、それぞれに矛盾はないように思える。また、これらの証拠の解釈は、ユーラシア大陸に移住してきた現生人類集団と大オーストラリア大陸に拡散してきた同集団の間に起こった初期の頃の分岐と、七万年前から五万一〇〇〇年前——五万八〇〇〇年前頃の公算が最も高い——に最初のオーストラリア人と初期パプアニューギニア人との間に起こったその後の分岐を推定させる遺伝的証拠も裏付けるものだ。(11)

大オーストラリア大陸の北岸への人類の上陸は、出発した時の外洋航海はできるだけ短いルートだっただろうことを考えると、オーストラリアの他の部分への上陸よりは地理的に適していたように思われる。この考えは、オーストラリアでの最古の考古遺跡、今のマジェドベべ（旧称のマラクンジャラⅡ）の位置と合致する。マジェドベべは、層位的に連なった多層遺跡で、最上層から最下層まで石器と炉が出土している。最下層の考古層は、あまりにも古く、したがって正確な放射性炭素年代を測定するための有機物質が劣化し過ぎていたが、光励起ルミネッセンス年代法ではここでの人の居住の始まりは七万〇七〇〇年前から五万九三〇〇年前の間、その中でも六万五〇〇〇年前の公算が最も大きい、と測定された。マジェドベべは、オーストラリアで最近までに知られる限りでは最古の考古遺跡であるばかりではない。世界最古の磨製石斧という考古証拠も出ているのである。(12)

公平を期すために言うと、マジェドベべの最下層の古代性について重大な疑問が、多くの研究者から提起されている。その一部の理由は、オーストラリアの既知の遺跡でそのように古い遺跡が他にないから、というものだ。むろんそれは、根拠の弱い主張だ。それが認められるにしろそうでないにしろ、一部の遺跡は他のすべてよりも古いのは間違いないのだ。それでも読者が異論の妥当性について考えられるように、ここでその異論の一部を私なりに再検討してみよう。異論は、人の住んだ遺跡の年代にあるとされる石器などの人工品、木炭、その他の遺物が堆積層内でより古い層位へと下層方向に動いたのかもしれないという考えに集約される。放射性炭素年代測定法は、五万年前頃までなら信頼できる。それより古い年代測定となると、堆積層が最後に太陽光にさらされた時を決めるための、その層の光励起ルミネッセンス法で年代を推定せざるを得ない。もし石器などがもともと埋まっていた堆積層から動いてしまい、もはや関連づけられないとすると、結果として得られた測定値は誤りとなるだろう[13]。

ジェームズ・オコーネルは、マジェドベベの年代に強い疑問を出している。石器など人工品が動いたとしたら第一に推定できる原因は、生物攪乱によるもの、すなわち何らかの生物、特にシロアリの働きで引き起こされる堆積土壌の攪乱である。

シロアリは、熱帯の多くの土中にはびこっており、シロアリはおそらく三種が、マジェドベベのあるオーストラリアのこの地域に住んでいた。シロアリは土中に穴を掘り、砂の粒子をもとに、唾液と粘土を混ぜて上質の懸濁液を作り、それで自分たちの作った塚の表面を固める。堆積層はシロアリによってきめの細かい砂が繰り返し取り除かれ、きめの粗い砂が砂混じりの地下の層に集まる。それは、時には石の線とか石の層と呼ばれる。シロアリはきめの細かい砂粒子を求めて堆積層を掘り返すように、食用として植物素材も探している。シロアリ塚は高さ七〇センチになることもあり、一般的に約三年間は塚作りが続き、その後は風化などで崩れて放棄される。放棄された塚は、強烈な暴風雨によって崩れ落ち、それがきめの細かい砂の粒子を下層へと落ち込ませる。崩壊したシロアリ塚は、斜面浸食と重力の作用で、ゆっくりゆっくりと下方へと動く可能性のある土壌粒子を作り出す。シロアリの作ったトンネルがもう実際の活動で用いられなくなると、トンネルは崩れて、目で見ることも確認することもできなくなる。

今までのところ、マジェドベベの年代推定の批判に関連するシロアリのトンネルやシロアリ塚がかつて存在していたという肯定的な証拠は見つかっていない。普通ならシロアリのトンネルを満たしたはずの昔のシロアリの化石や糞石、シロアリ塚の痕もまだそこでは検出されていない。マジェドベベは、シロアリが現に暮らし、かつても暮らしていた広い地理的地域内に実際にあるが、過去にこの考古遺跡のあるまさにこの場所でシロアリの活動が行われたという証拠が無いことは事実だ。

シロアリの活動を重視する研究者集団と遺跡には攪乱はほとんどなかったと主張する研究者集団との間の不一致の最も重要なポイントは、以下のとおりだ。両陣営は、シロアリの生物攪乱を認定するのにどの基準を使うことができるか、年代推定に及ぼす生物攪乱の影響をどれほど厳密に考えるかで、一致できていない。シロアリの活動を納得のいくように説明するには、懐疑論者は観察できる何らかの結果をシロアリが作り出すことがあり得るというだけでなく、シロアリが実際にその結果を作ったという証拠を提出しなければならない。マーティン・ウィリアムズは、シロアリ活動の影響はありそうだとするオコーネルと他の研究者たちとの共同研究をした最近の一連の論文で、次のように述べた。「しかし我々は、シロアリが存在するからといって重大な石器などの移動と石の層の形成を常に導くわけではないだろう、と留意している。シロアリによる攪乱は、熱帯のオーストラリア北部で見られるような長期の高密度のシロアリ個体群の活動を必要とする……シロアリ密度の低い地域では、シロアリによる撹乱はより状況特異的だろう」[14]。シロアリによる生物撹乱に反対する研究者たちは、シロアリの活動が有ったのか無かったかを検出するためのしっかりした基準を追究し続けるべきだろう。

マジェドベベで人の居住したすべての層に、炭化した大形の植物遺存体が大量に含まれている。最下層では木材は含まれないが、炉のような特徴の部分から一〇〇〇点以上もの炭化物標本が見つかってている。ウィリアムズらは、こうした炉のような特徴の部分は間違って炉と判定されたと推定した。しかし炭化した植物性食物の遺存体は、それらが調理用の炉であったことのかなりはっきりした証拠のように思われる。

驚くべきことに、その部分から出た植物の中には、食べられるように大がかりな処理を必要とするものもあった。それは、食物に関する詳しい処理知識を示す他のどの遺跡でよりも約二万三〇〇〇年も古い。懐疑論者は、それほど古い年代に十分な処理を必要とするような植物性食物の発見によって動揺している。例えば一部の遺物はヤシ科のものである。髄の先端は、生のままでも軽くあぶっても食べることができるけれども、髄の大部分は、食べるには約一二時間もあぶり、その後に苦労して石で打ちたたいて繊維成分を取り除かなければならない。こうしてはじめて、食用にできる澱粉を含む炭水化物を作れた。植物を食用に処理したとするこの解釈は、石器群の組み合わせの中にある種子の磨り石によって裏付けられる。その他に発見された植物性食物には、塊茎、果実、木の実、種子が含まれ、これらは幅広い食性と新しい食物を開発したことの大きな適応性を実証している。食べられるまでかなりの支度が必要な食物が炭化した状態で遺っていることも、非常に脆く、壊れやすいにもかかわらず標本が保存されていたことを証明している。これらは、広範囲の生物攪乱があったなら残存しなかっただろう。

五万年前頃かそれよりも古くに人類の到着を示すマジェドベベとオーストラリアのその他の遺跡での最近の調査によって、五万年前よりも古いオーストラリアへの植民を支持する証拠は増加している。想像されたことと異なり、最初のオーストラリア人が上陸地点近くに留まっておらず、この大陸のあらゆる地点に、かなり多様な居住地に、速やかに拡散していったことの確かな証拠もある。上陸してから二、三〇〇〇年以内に、おそらくそれよりもずっと速やかに、最初のオーストラリア人は、サバンナ、熱帯雨林、開けた疎林地帯、森林と灌木地帯とサバンナと乾燥地の間のゾーン、沿岸地、さらにタスマニアのステップ環境、ニューギニア高地の渓谷、ニューサウスウェールズのウィランドラ・レイクス地域に考古遺跡を残した。

年代推定の正確さと編年上の歪みの想定される原因のいっそうの研究が、確かに必要である。依然として注目に値することは、最初の人類の上陸時を五万年前やさらにそれより古い時代に押し上げて新しく調査研究される遺跡も、早期の技術革新、新しい石器タイプ、新しい食資源の利用、新環境への高度な適応といった証拠を生み出し続けていることだ。大オーストラリア大陸は、驚きに満ちている。

# 第十章　新しい生態系に生きて

ユーラシアの定住で起こったことは、オーストラリアで起こったこととは違っていた。異なった挑戦は生命を危険に晒すが、異なった地域的要因が、それぞれの地域で成功に導いた。

ユーラシアの未来の居住者たちは、単に北と東の新しい土地と新しいテリトリーへと押し出されていったに過ぎない。たぶん彼らは驚くほど新しい課題にも長途の目立った旅にも直面せず、獲物になる動物を追い、時と共に少しずつ今までとは違った気候と動物相に適応していったのだ。彼らの狩りの成功度を左右したであろう最大の変化は、寒冷な気候と人間の狩人とイヌ科動物との提携だった。イヌ科動物こそ、彼ら狩人が新しい、以前より効果的な狩猟技法を用いて大型動物を倒すことを可能にした。イヌは、狩りの成功度を高め、ハンターの仕留めた獲物を横取りしようとする他の肉食獣を検知することも容易にしたのである。

他の肉食獣とは正確にはどんな動物だったのかは、重要である。氷河時代のアフリカとユーラシアの捕食者ギルドには、数多くのネコ科がいた。ライオンはオスの平均体重が一九〇キロ、メスは一二七キロあった。今では絶滅しているホラアナライオンはさらに大きく、オスで三一八～三六三キロもあった。トラ、ヒョウ、大型の剣歯ネコ、そしてチーターもいたし、加えて他に一〇種もの中型ユーラシアネコ(二種のオオヤマネコを含む)、ウンピョウ、ユキヒョウ、さらに一七種もの小型のヤマネコもいた。アフリカとユーラシアにはさらにオオカミ三種だけでなく、ケープハンティングドッグ（リカオン）、ジャッカル三種、ドール、たくさんの小型種のキツネもいた。そればかりでなく、ハイエナ（少なくとも三種）、イタチ科のラーテル（クズリに似た肉食獣）、ヨーロッパケナガイタチを含む小型の様々なマングースの仲間、カワウソ、ジャコウネコ、イタチもいた。

総合して、これら様々な種の肉食獣は、非常に小さな――ネズミ大の――動物から、ゾウ、サイ、カバ、アフリカスイギュウ、ジラフといったかなり大型の草食獣に至るまで獲物にしていた。ただ肉食獣は、最大の獲物となる種の成体より大きいものはいなかった。大型の肉食獣はしばしば群れになり、一緒に狩りをして大型の獲物を打ち倒そうとした。獲物となる草食獣の若齢個体は、狩りの標的になりやすかった。彼らは身体が小さく、成体よりもスタミナが続かなかったし、捕食者になりそうな肉食獣をあまり怖がりもしなかったのだろう。しかし獲物になる草食獣は、お互いに身を守るためにしばしば集まって身を寄せ合った。

オーストラリアの動物相は、アフリカとユーラシアと驚くほど異なっていた。一七八八年にイエネコを連れたヨーロッパ人が到来するまで、そこにはネコ科動物も、それ以外のネコのような哺乳類も全くいなかった。オーストラリアにおける野良猫の数は、今やイエネコの数に匹敵するほどになっていて、大陸に広く広がってもいる。ヨーロッパ人が植民した時に、オーストラリアには唯一、イヌに似た捕食動物がいた。有袋類の一種のフクロオオカミ（サイラシン *Thylacinus cynocephalus*）である〔オーストラリア大陸のサイラシンは、最初のオーストラリア人の拡散のすぐ後に絶滅した。ヨーロッパ人の植民の時までに生きていたのは、タスマニア島だけである〕。サイラシンは単独でも群れでも狩りをし、獲物を追いかけるスタミナは傑出していた。彼らはユーラシアの最大の肉食獣よりははるかに小さく、体重は約一四・五〜二一キロほどで、オスはメスよりも大きかった。今では絶滅してしまったサイラシン——一般にはタスマニアタイガー、縞入りハイエナ、オーストラリアオオカミという名でも知られる——は、人間と直接に競合したようだ。サイラシンは、オーストラリアでは一九三六年九月七日に絶滅した。この日、タスマニアのホバート動物園で、最後の、ろくに世話もされなかった個体が死んだのだ。オーストラリアには、中新世に遡るが、かつてはこの他にも数種のサイラシンがいた。つい最近まで生きていた一般的なサイラシン（サイラシン・シノセファラス）よりも森林環境にうまく適応していたようだ。サイラシン・シノセファラスは、全般的な乾燥化傾向と人とディンゴの到来を含むその他の生態学的変化と闘わなければならなかった。そして（タスマニア島で）、ヨーロッパ人が到着して一五〇年もたたずに絶滅した。[1]

直接に年代測定された最古のディンゴ標本は、三〇〇〇年前頃——最初のオーストラリア人の年代よりはるかに新しい——の東ティモールの埋葬骨である。ディンゴの体重は一〇〜一五キロである。オスのディンゴはメスよりも大きく、メスのサイラシンよりもまた大きかった。ディンゴはメスのサイラシンを捕食していたのかもしれない。ディンゴはタスマニアには進出しなかった。それは、サイラシンがオーストラリア大陸よりもずっと新しい時代までタスマニアで生き残っていた事実によるのだろう。時々、サイラシンの目撃の報告があり、タスマニアで生き残っているサイラシンを見つけ出そうという遠征がなされたが、残念なことにまだ全く成功していない。[2]

野生でのサイラシンの食性については、ほとんど分かっていない。ロバート・バッドルとディヴィッ

ロンドン動物学協会動物園で飼育されていた生きたサイラシンを写したこの写真は、1910年代に撮られた。堅く伸びた、縞の入った尾、縞の入った下半身、大きな口は、その全般的にイヌに似た姿（それでもサイラシンは有袋類だった）と結びつけられ、来園者たちのとても大きな関心を引いた。

ド・オーウェンが、それぞれ別々に指摘したように、サイラシンの自然での食習慣については多く書かれているが、歴史上の文献記録となると全く貧弱である。例えばサイラシンは非公式には羊殺し屋として知られているが、そうした行動の目撃報告の例は驚くほど少なく、多くが誇張されている。歴史上の文献記録では、サイラシンよりも放し飼いの家犬によっての方がはるかに多く羊殺しの記載がある。タスマニアでは一八〇〇年代に、生きたサイラシンかその皮に対して多額の懸賞金が約束されたが、実際にサイラシンの個体がもたらされたことはほとんど無い。これと同様に、証拠の文書の提出はほぼ無く、そのため、サイラシンは羊を殺してその血を吸い、それ以外は死体に触れずに放置した吸血鬼だというかつて有名だった噂の信頼度は低下している。その話は、実態というよりはヨーロッパの吸血鬼伝説の気配が漂う。

オーストラリア本土でのサイラシンの絶滅は、オーストラリア固有の最大の肉食獣、いわゆるフクロライオン（ティラコレオ *Thylacoleo carnifex*）を含む大型動物群の絶滅の一部であったかもしれない。多数の有袋類の種が四万年前頃に絶滅した。[3] 不幸にも、生きていた人の記憶の中で、誰もフクロライオンの生きた姿を見た者はいない。最初のオーストラリア人は彼らを目にしたかもしれないが、フクロライオンの習性や獲物についてほとんど記録に残さなかった。異論が多いものの、フクロライオンを描いたと認定される二つの岩壁画がある。だがこの解釈は、広い支持を得ているわけではない。[4] フクロライオンの身体サイズは、最大約一五〇キロに及んだ。およそヒョウやアフリカライオン程度の大きさだ。自信を持って彼らの捕食習性と捕殺死体の解体パターンを特定するのは、非常に難しい。この特殊な絶滅種によって損傷を受けたことが分かっている骨の資料が、全く無いからだ。しかしフクロライオンの裂肉歯——肉を薄く切るのに使う歯——の大きさは途方もなく大きく、いかなる哺乳類の体サイズに比べても最大であった。[5]

フクロライオンの驚くほどに特殊化した裂肉歯は、彼らが超肉食獣、すなわちその食の七〇％以上は肉で構成された種だったことを推定させる。超肉食獣にふさわしく、フクロライオンが肉を薄く切る頬歯、すなわち裂肉歯にはかなり細長い刃が付いていた。その歯で、フクロライオンは非常に大きな噛む力を生み出すことができた。その歯によって、食らいついた獲物の気管を噛みつぶして獲物をすぐに殺すことができただろう。

フクロライオンは、おそらく木に隠れ、獲物を待ち伏せし、そこから飛び出して不意討ち攻撃を加える捕食者となるように適応していた。その体型は、オオカミが行っているような獲物を追跡する動物のものではなかった。彼らは強力そうな前肢と他の指と半ば対向できる親指を持ち、その先には獲物をしっかりと掴む大きくて鋭い鉤爪が付いていた。最近の統一見解として、フクロライオンは大オーストラリア大陸の最大の草食獣以外はすべての成体と若い個体を獲物にしただろうという。ランスフィールド・スワンプから見つかった骨の傷の分析を基に、ホートンとライトは、骨に付いた明らかに歯による噛み傷はすべてフクロライオンのものだろうと提唱した。噛み傷の位置は、フクロライオンが骨を噛み砕いて食べる動物ではなく、肉を食う動物だったという考えと一致している。オーストラリアに上陸した最初の人類が危険な競争相手としてフクロライオンを意図的に狩ったかどうかは分からないが、人類が到着してから十分な時を経て、四万年前頃には彼らは姿を消した(6)。

オーストラリアの第三の肉食有袋類は、タスマニアデビル（*Sarcophilus harrisi*）で、これは今なお生存している。タスマニアデビルの体格は、サイラシンやフクロライオンよりかなり小さい。タスマニアデビルの体長は五一～七九センチ、体重は四～一二キロである。つまりタスマニアデビルは、多くの現代人がペットとして飼うブルドッグよりも小さいということだ。タスマニアデビルは大きくはないが、獰猛で、また非常に攻撃的である。彼らは強い顎と頑丈な歯を持ち、死肉漁りをして死体の骨を噛み砕く。彼らには、昆虫や小さなネズミ、果実、トカゲなどを食べるフクロアリクイ、フクロネコ、スミントプシスのようなのずっと小型の類縁者が多数いる。だがこうした小型肉食獣は、人類にとって競争相手にはならなかった可能性が高い。

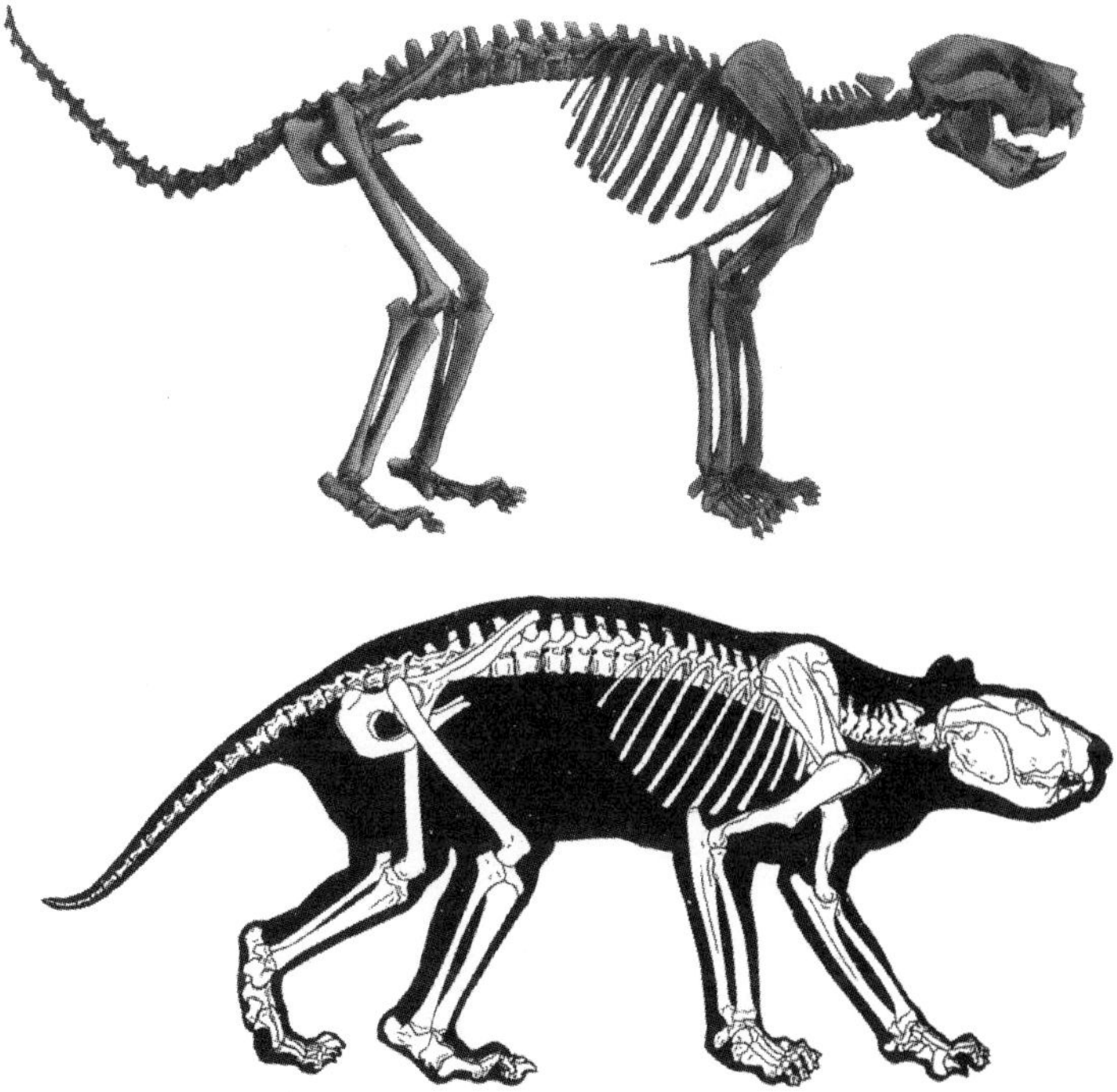

**残念なことに、最大の有袋類捕食者であり、しばしばフクロライオンと呼ばれるティラコレオ・カルニフェックスの写真は存在しない。化石遺体を研究して、ロド・ウェルズとアーロン・カメンズは完全なティラコレオ骨格を復元した（上）。ピーター・マーレイは、身体の影絵を制作した（下）。**

そうなのだ、人類が到来した時、大オーストラリア大陸には中型から大型の哺乳類捕食者は、二種しかいなかったのだ。そう書くとこの大陸は住みやすいように思えるかもしれないが、その代わりにコモドオオトカゲ、大型のオオトカゲ、ゴアナにどことなく似た爬虫類の捕食者と、非常に大きく時には毒を持ったヘビ、ワニ、数は少ないが巨大な飛べない鳥などが繁栄していたことは忘れないでおこう。アフリカやアジアにいたような捕食者は、それほど多くいたわけではない[7]。

ではなぜオーストラリアには陸棲の捕食者が多くはなかったのだろうか。これは、オーストラリアがアジア、アフリカ、ヨーロッパに比べて比較的小さな大陸だったから、と説明されてきた。陸の大きさだけで言えば、アジアはオーストラリアの約五倍、アフリカは三倍以上も大きく、ヨーロッパですら一・一倍はある。だが陸そのものの広さよりももっと問題なのは、動物の居住可能な土地の割合とその生産性である。オーストラリア中央部の乾燥気候は、陸地の大半が、不可能ではないとしても長期間棲むには困難であることを意味する。

最初のオーストラリア人にとって、命の行く末には時には心許ない思いをすることも時にはあっただろうが、内陸乾燥地という新天地に移動していくのに、大きな成功が見込めたことも否定できない。人が狩猟する中型の有袋類を獲物にする捕食動物は、かなり少なかったから、ユーラシア大陸に移動していった人類が直面した捕食動物たちと比べれば、競合はさほど激しくはなかった。激しかったのは、アフリカとユーラシアに比べたオーストラリアの完全な「新しさ」であった。命に関わる動物として真剣に受け止めねばならなかったオーストラリアの種には、前記三種の肉食有袋類ばかりでなく大型の捕食者の鳥、巨大な爬虫類、もちろんクモ、ヘビ、ヒキガエル、命取りになりかねないクラゲなどもいた。

オーストラリアの独特な土着動物群は、新しい大陸で人が繁栄していくのにどんな影響をもたらしたのだろうか？　オーストラリアの植民は、現生人類によってなされた最も重要で手応えのあった移住、すなわち地球上の拡散の一つだったと私は言いたい。それは、最初のオーストラリア人となった人々にとって、完全に新しい挑戦を突きつけた。オーストラリアは、生き残るのに特別の技術と生存のための適応を必要とした、どう見ても生きるのに困難な土地であった。考古学と民族誌の記録が教えてくれるのは、より良い狩猟具や特殊化した石器以上に、知識が必要とされたということだ。

オーストラリアの物語は、私たちに以下のことを語りかける。人は新しい知識を獲得し、それを共有することにより、あらゆる種類の新しい、困難な環境条件に適応できるし、適応するだろうということだ。知識は、物の欠如を埋め合わせることができるし、新しい物を創造するのを促進する。最初のオーストラリア人が大オーストラリア大陸に携えてきた物は、残された物質文化という観点からは見たところは不十分であった。しかし学習し、注目し、記憶し、情報を共有する能力は、たいへん重要だった。このことは、私の考古学上の仲間のジョン・シーによってしばしば引用される、オーストラリア中央部と北部に住むアランダ語をしゃべる部族の箴言でうまく要約されている。「知れば知るほど、それだけ必要は少なくなる」。

# 第十一章　なぜオーストラリアの物語は長年にわたって見過ごされてきたのか？

オーストラリアへの定住の記録が重要だとするなら、そして私はそうだと確信しているのだが、なぜ長年にわたってこの物語が見過ごされてきたのだろうか？　いかなる大陸であれ、そこへの植民は、そこに住み、働く人たちにとって重要な関心事だが、どこか他の大陸に住む人々にとってはあまり関心がないものだ。それでも移住と適応を理解することは、人間という種の本質について、様々な生態系における人間の役割について私たちを啓発する大きな潜在力を持っている。オーストラリアの植民は、世界の他の大陸に住む人たちによって、興味も湧かない、役に立たない物語として——そのどれも真実ではない——あまりにも無視されすぎてきた物語である(1)。

偏見の長く続いた汚点は、人類の移住を追跡し、理解するために頻繁に用いられる別の技術、すなわち遺伝学研究にも見ることができる。人やそれ以外の動物の関係性をはっきりさせるために、遺伝子コードを解読するが、そのために通常は保存された骨や歯から抽出された古代ＤＮＡに頼る。科学者たちは現代のＤＮＡも研究し、種間の遺伝情報を得て、それを比較する。オーストラリア先住民が孤立していて退屈な存在だと考えているなら、彼らのＤＮＡを観察する必要はないだろう。だがもちろんそれは、潜在的に重要な情報を無視し、一八世紀、一九世紀、二〇世紀、そして二一世紀にまで続く有害な人種偏見をそれとなく支持することである。

遺伝子研究の一つの標準的なアプローチは、現存する二つの人類グループのDNAをサンプリングし、二つの試料にあるそれぞれ異なる突然変異の数によって共通祖先から二つが分岐した時間を推定することだ。もう一つの手法は、古代DNAをサンプリングし、それを現代人のゲノムと比較し、古代人と最も密接な関係のある現生の人類グループを同定しようとすることだ。いずれの場合でも共通する重要な問題は、かつて存在し、今も存在している多様性を正しく代表するためにはどれくらい多くの個体のサンプルが必要かということだ。そしてもう一つの大きな困難は、現在の民族は自らの祖先をほとんど詳しくは知らないし、自らの祖先が他の人類グループ由来の人々を含むのかどうかも分かっておらず、特別な民族的、地理的グループと自己同一性を持つかもしれないということだ。一七八八年頃にヨーロッパ人の植民が始まるや、異なる人類グループ間に遺伝子の混合——力ずくによる場合と自発的な場合の両方——が起こり、それは大いに進んだが、ほとんど大っぴらには明かされることはなかった。どの遺伝的配列が、ある人類グループかそれとも別のグループを明示しているのかを決定するのはかなり難しく、その答えは時には家族史と矛盾することさえある。

ヒツジやウシの大牧場やキリスト教布教団で働いたオーストラリア先住民の女性の多くは、優越的立場のヨーロッパ人男性と性的交渉を強制され、彼らとの間に子どもを持った。こうした状況の実態は様々に変わるので、多くの子どもたちの親子関係は分からなくなった。一九一〇年代から一九七〇年代の間の政府の正式な方針は、オーストラリア先住民とトレス海峡諸島民の子どもたちが欧風のしきたりを身につけ、ヨーロッパ人として通用できることを期待し、彼らを家族から引き離し、施設——しばしばキリスト教ミッション・スクール——に収容し、教育を受けさせるというものだった。これらの子どもたちは、「盗まれた世代」として知られるようになった。先住民の子どもたちのうち、三人に一人が親元から引き離されたと推定されている。公然たる目的は、先住民としての本質を消し去り、彼らを強制的にヨーロッパ人に同化させ、それでもって彼らの文化を一掃することだった。残酷にも子どもたちの多くは、生まれながらの言語を話すこと、家族との接触を持つことを禁じられた。彼らの多くは性的に虐待され、打擲を受け、家族と文化から遠ざけられたことにより、心に深い傷を負ったのだ。

たとえDNAが混合されないとしても、DNAは無用となる点まで自然の力によって退化することがある。DNAが抽出され、汚染が除去されても、ゲノム情報の正確な解釈が疑わしいこともあり得る。ごく最近まで、人類や他の動物のほとんどの「世界的規模のサンプル」、「地球規模のゲノム」のデータ・バンクは、現代であれ古代であれ、大オーストラリアからのサンプルをほぼ全く含まなかった。その理由の一つには、これが欠けていても、オーストラリアの物語は単に情報が多くはないから、という否定的な仮定のせいにされることがあったためだ。歴史的に見れば、植民の世紀が始まると、オーストラリア先住民は、時代的にほとんど凍結された原始的文化しか持たない、変わらない、創造力のない連中だとみなされた。ヨーロッパ人祖先の普通の人たちは、先住民の野営地を調査して博物館や個人的コレクションのために石器や他の人工品を収集し、この分野が一九六〇年代に大改革され始まるまで、オーストラリアの先史時代に関心を示した、基本的に唯一の人たちだった。好奇心をそそる物を単に表面採集するのではなく、専門家たちによって遺跡と遺物の時間的、層位的、空間的分布をはっきりさせるためにオーストラリアの諸遺跡で組織的、層位的な発掘調査がなされ始めたのは、つい最近と言えるほどの遅い時期になってからだった。

この長期の空白は、一部は先住民からDNAサンプルを得ようと試みてもそれが不成功に終わったせいでもあるだろう。彼らには、ヨーロッパ人の活動に不信感を持つ歴史的理由があった。ロバート・ヒューズは、彼の書いた優れた本、『致命的な海岸（*The Fatal Shore*）』で、オーストラリア先住民によって白い肌のイギリス人に話しかけられたと分かっている最初の言葉が「ワーラ（Warra）、ワーラ！」だったことを記録している。この言葉の意味は、「あっちへ行け！」ということであり、ボタニー湾に入ってきたイギリス船を初めて見た時に異邦人に槍を振り回していた一群の男たちによって叫ばれたものである。この話が本当だとすると、最初のオーストラリア人は侵入してくるヨーロッパの異邦人たちに初めから恐怖を抱いていたように思われる。多くの意味で、よそ者が自分たちに害を与えるだろうという彼らの想像は正しかった。[2]

現在のオーストラリア先住民諸部族は、よそ者による宣伝を警戒している。宗教的、精神的な信念は、彼らが祖先の骨や神聖視する物、神聖な場所の移転、破壊、展示を許容するのを渋らせるかもしれない。また彼らは、身体の組織片や血液の分析にも抵抗を示すだろう。力を持つとみなされる場所や物を差し出すか、その使用を許すかする人々と科学者との間で確立した信頼感とコミュニケーションは、極めて重要だ。先住民の信仰と知識には、過去を解釈するための重要な情報が含まれるかもしれないので、科学者と先住民は協力することが双方に大いに利益になることが分かるだろう。[3] 人や動物のゲノム、生活様式、異なる生態系への適応の可変性を理解する必要があるなら、人類のいかなる集団も除外できない。どんな集団の考古記録も、早期現生人類の能力と適応について、他の集団のそれのように明らかにすることが約束されているのだから。しかし今日のオーストラリア先住民が数千年前の彼らの祖先と同じような暮らしぶりをしているると仮定するのも、同じように無謀というものだろう。彼らの解剖学的構造と遺伝子の構造なら、過去にあったのと大部分は同じままかもしれない。だが今日のオーストラリア先住民の見せるどの能力、行動、信仰、知識も、遠い過去に彼らがどのようであったのかについて、おまり多くのことを教えてはくれない。考古記録だけが、それを知るための信頼できる情報源なのだ。ただそれは、よくて大まかな概要をもたらしてくれるだけだけれども。

オーストラリア先住民の諸文化を最初に観察した先史学の専門家と本職の考古学者は、遺物包含層を年代推定する手段として石器器種の系列を観察するよう、ヨーロッパの先人によって厳しく訓練された。例えばある遺跡にアシュール文化の石器があったとすれば、その遺跡はムステリアン石器——通常はネアンデルタール人に伴う——を出した遺跡よりも古くなければならなかった。同様にムステリアン石器は、彼らよりも進歩した人類に作られたルヴァロワ石器に先行した。この編年は、ヨーロッパではもはや普遍の真理とみなされているが、大オーストラリア大陸の遺跡では、それが適用できないことは確かなのだ。しかしそうした話は、一八世紀後半、一九世紀、二〇世紀前半では予想されたことだった。二〇世紀前半のロバート・プラインは、オーストラリア先住民は「変わらざる環境で生きた変わらざる人間たち」だったと宣言した。この悪意ある所感は、国際的に畏敬された先史学者であるオーストラリア出身のヴィアー・ゴードン・チャイルドによっても基本的に繰り返された。彼は、そこには何の技術的な革新も進歩も無いように思われたから、オーストラリア考古学を「ひどく退屈な」ものとみなした。彼は、オーストラリアそのものを「文化的な淀み」とさえ宣告した。チャイルドと彼の同時代者たちは、現代の考古学者と違って、オーストラリア先住民文化は気候が変化した時に巧妙かつ創造的に適応し、先住民は異なった生態系への移住を企てたとはみなさなかった。しかし彼らの文化は、停滞したままではなかったのだ。考古学に現代的なアプローチをしているイアン・デービッドソンは、「オーストラリアにおける人類の歴史は、彼らを取り巻く環境の課題と機会に驚くべき方法で適応して、いかに彼らが『変化する環境』の中で『変化する人々』であったかを示している」と適切にも指摘した。(4)

オーストラリア先住民の記録は、他に類を見ない環境の中で重要である。大オーストラリア大陸が地理的に孤立していることとその地理と気候の大半が厳しいものであるために、かつてこの大陸に到達した動物の進化は、他大陸からの別の動物の到達と頻発する移住によっても、大きく影響されることはなかった。大オーストラリア大陸の過去と先史時代の記録は、ヨーロッパやアジアのそれよりも分かりやすく、さほど混乱してはいないように見える。しかしもちろん、私たちの知識はとうてい完全ではない。他の大陸の動物と植物からほぼ完全に切り離された一大陸でのこの驚くべき話は、類例の無い物語だ。現代の生身のオーストラリア先住民から得られた遺伝子材料でさえ、アジア人、太平洋諸島民、アメリカ先住民との交雑の印をほとんど——いくぶんかしか——示さない。現生人類と動植物の固有種は、オーストラリアには少なくとも六万年間は、ディンゴが出現したたぶん五〇〇〇年前までは、外部世界からの侵入もほとんどないままに定着していた。

ディンゴやその祖先は、人類と同じように、舟で運ばれてきたに違いない。だがなぜ、誰によって運ばれたのかは分かっていない。舟で運んだ人々が、ディンゴの起源を教えてくれそうな痕跡をほとんど残していなかったからだ。しかしイヌの進化と彼らの家畜化のインパクト、そして彼らの友である人間を追跡していけば、ディンゴが家畜化の時かその前のイヌ科動物の状態をはっきりさせる助けになるだろう。そうやって首尾一貫した話にするためには、六万五〇〇〇年～六万年前の人間の到来を五〇〇〇～四〇〇〇年前のディンゴの到来と関連づけなければならない。(5)

オーストラリアの物語は、それが大陸への現生人類の最初の植民とその植民の結果と関連する出来事の貴重な例をもたらしてくれるので、特に意義深い。現生人類がアフリカから新しい地理的領域へ移動した時に何が起こったのかを読み解こうとする際の最初の不利な条件は、ユーラシア大陸の話だけに絞るとすれば、取り組むことができるデータ・セットが一つのサンプルのみによって成り立っているということだ。これはもどかしいし、間違った結論に至るかもしれない。

オーストラリアへの植民は、人類の移動と適応の記録上、ちっぽけな枝葉末節の問題ではないし、さほど重要ではない謎でもない。もっと大きな疑問が解答される時に、解決されるべき問題なのだ。オーストラリアの植民は、人類の移住、適応、進化への幅広い疑問に答える部分としてそれに匹敵する問題である。人間が新しい領域、新しい生態系、新しい気候に直面した時に、何が起こるだろうか？　人間はそれにどのようにして順応していくのか？　人間が自分たちの領域を拡大した時、イヌを伴う傾向があるのはなぜなのか？　最初のオーストラリア人はイヌを連れていなかったが、それは彼らにどのように影響しただろうか？

オーストラリアの最古の考古遺跡についての新証拠は、地球規模の歴史の話を現実に揺るがせた。オーストラリアへの現生人類の登場は、大きな新しい陸域に人類が拡大した最初の例であった。それは、七万年前頃という早期に、あるいは遅くても五万五〇〇〇年前頃に起こったかもしれず、だとすれば五万年前頃のヨーロッパ中央部と東部への現生人類の拡大に先行したことになる。将来のヨーロッパ人とアジア人への分岐、そしてオーストラリア先住民への分岐は、今までの想定よりもいっそう早くに起こったに違いない。どのようにしてそのような人類集団への分岐が起こるのかを知りたいと思うなら、オーストラリア先住民の物語を手本となる最初の例だと受け止めるべきである。学術文献と一般向け書物で長く最重要とされてきたヨーロッパとアジアへの人類の進出の記録は、その出来事がどのように起こり、異なった環境条件でどのように変わったかを垣間見る機会を与えてくれる人類の移住と適応の物語の、実はもう一つの第二の例に過ぎないのだ。

オーストラリアへの最初の適応の重要な側面は、知識の共有であった。どんな辺境や「国」についても、その知識を教えることと学ぶことは、オーストラリア先住民の伝統的な文化的な行いに深く埋め込まれている。最初のオーストラリア人が大オーストラリア大陸の南と東に移動した時、おそらく沿岸ルートを取ったからだろうが、彼らは海産資源を利用するためのいくつかの新規の、印象的な仕組みを発展させた。(知られる限りでは、家犬と共に活動するのに伴う技術的進歩は何一つ見られなかった。)数万年を経て、気候が変わった。海水準は上昇し、低下し、それに応じて海岸線も変わった。その結果、かつて大オーストラリア大陸だった一部が、現在のニューギニアとタスマニアのように島になった。それでも依然として大きな陸があり、たくさんの動物たちがいた。しかしそのどれ一つとして、人間になじみ深い種はいなかった。

# 第十二章　ディンゴの意義

イヌ科は家畜化された最初の動物だったし、動物家畜化は人の生活を変容させたので、イヌ科の家畜化された場所、時期、機能を追跡するのは重要である。知られている限り、ディンゴはオーストラリアにやって来た（ヒトに次いで）二番目の大形有胎盤類に過ぎなかった。人間のように、ディンゴもオーストラリアには舟でやって来た。この事実から、ディンゴがオーストラリアに達した時、彼らは少なくとも半家畜化されていたと分析する研究者もいる。しかし家畜化されていなかった多くの動物たちも、舟で運ばれた。例えばいくつかの例を挙げれば、キツネ、ジラフ、ムース、シカ科各種、ライオン、チーターである。伝統的なオーストラリア先住民のカラバリー（踊り）で表される情報と神話でも、ディンゴはオーストラリアに——偶然か意図的にか——舟か舟に乗った人々によって運ばれてきたと強調されている。たとえディンゴがその時点で完全に家畜化されていなかったとしても、である。

半家畜化とは、十分明確には定義されていない用語である。真の家畜化には、繁殖と幼体の生存に影響力を及ぼす人の関与が必要だ。人はこのようにして、動物の遺伝に選択という力を振るう。半家畜化されたイヌは、しばしば「ヴィレッジ・ドッグ（村のイヌ）」と呼ばれる。放し飼いされ、勝手に番《つが》って仔を産むイヌたちのことだ。いわゆるヴィレッジ・ドッグは、主に人の管理する環境で食物を漁ることによって生活する。本当に野生化したイヌ、つまり野犬よりも人間に対しては警戒的ではなく、飼い主とイヌの名が社会的に認めてられてきたことも多い。ヴィレッジ・ドッグは、人間の食べ物と残飯を漁ることに頼っているから、人間の片利共生動物とみなせるが、人の方はヴィレッジ・ドッグの繁殖の選択に関与はしない。そうしたイヌは、広く認められた様々の犬種――アジアでも、彼らはしばしばヨーロッパの犬種のことが多い――と交雑していて、特定の地理的エリアでは植物の在来種と似たグループを形成した土着犬だと思われる。しかしアジアのヴィレッジ・ドッグで、選抜育種された証拠はほとんどない。ヴィレッジ・ドッグのゲノムの研究は、かなりの遺伝的多様性を示すことを証明している。そのことから、研究者の中にはヴィレッジ・ドッグは家畜されたイヌの原初的タイプに近いと推定する者もいる。もし半家畜化されたヴィレッジ・ドッグがディンゴの直接の祖先だったとすれば、当然、ディンゴはサフル大陸に到達後に野生化した完全な家犬だったと考えることはできない。

スラウェシ島のマカッサルからキンバリー（オーストラリア北西部）まで、そしてその後はアーネムランドまで舟でやってきた人々の、長年続けられたナマコ漁を想像することによってディンゴの起源を説明するのは、魅力的である。この考えは、メラニー・フィリオスとポール・タコンに支持されている。伝統的に漁師たちのグループは、オーストラリア北西海岸まで航海してきて、数週間か数カ月の一時的なムラをつくり、ナマコ漁をしてそれを乾燥させて燻製にし、故郷に帰り、中華料理や漢方薬の珍重すべき材料として中国人商人に売っていた。[1]

ナマコ漁師たちは、西暦一五〇〇年代にオーストラリアに来始めていたことが分かっている。しかし彼らはそれよりもっと古くに、ヴィレッジ・ドッグを帯同してやって来た可能性もある。ピーター・サヴォレイネンらのチームは、ディンゴと東南アジアのヴィレッジ・ドッグのミトコンドリアDNAの一部の間に遺伝的類似性の見られることを実証した。この研究でディンゴのただ一つのミトコンドリアDNAハプロタイプを検出し、それが東アジアに共通するイヌのハプロタイプと合致したことから、彼らは、オーストラリアのディンゴは東アジアのいくつかの家犬かヴィレッジ・ドッグに起源を持っていたのだろうと結論づけた。

しかし、カイリー・ケルンズとアラン・ウィルトンによるディンゴの全ゲノムを調べたその後の研究で、サヴォレイネンのチームによって使用されたサンプルの解釈が誤っていたことが示された。おそらくそのサンプルがミトコンドリアDNAの数百塩基対からしか構成されていなかったから起きた間違いだろうという。全ゲノムを用いて、ケルンズとウィルトンは、ディンゴから二〇ものハプロタイプを見つけた。それは、サヴォレイネンらのチームの結論を無効にし、ディンゴの起源はまたも分からなくなった。[2] ディンゴがマカッサル起源だという考古学的証拠は得られていないし、オーストラリアで明確なマカッサルの人工品を含む古い考古遺跡も、オーストラリア先住民の中からはっきりとしたマカッサル人の遺伝子を持ったどんな印も、まだ一つも見つかっていないのだ。

なぜ家犬でないイヌ、または半家畜化されたに過ぎないイヌがナマコ漁の航海で連れてこられたのだろうか？　イヌ科はこれらの航海に、防衛のため、万一の時の食料として、暖を取るためのものとして、ゴミや食べ残しを食べてきれいにしてくれる動物として、あるいは友として、やって来たのかもしれない。通常、イヌ科は多くの役割をこなすから、どの理由が一番適切なのかを識別するのは難しい。少なくともある機会に、ディンゴは人間の連れがナマコや他の乾燥した魚介類を持って故郷に帰ると、藪の中に逃げ去った可能性がある。ナマコ漁の間、イヌ科を連れて行くということの習わしが古くから行われていた第一の証拠は、地理的証拠と並んで、「ドリーミング（オーストラリア先住民の多くの部族に伝わる文化的な記憶）」の説話と踊りだとされている。しかしイヌから遠いディンゴの独自性や、東南アジア諸島民から遠いオーストラリア先住民の独自性の遺伝子証拠によって、これがよく行われていた出来事でも古代に繰り返し起こったことでもなかったことを推定させる。

　あれやこれやで判断を誤らせないサンプルを得るのは困難だが、それにもかかわらずディンゴとニューギニア・シンギング・ドッグは、イヌ科のゲノム解析の対象から除外することはできない。除外すれば、原始的なイヌに関しての真実を歪めることになるだろう。ディンゴとニューギニア・シンギング・ドッグは、おそらくイヌ科の中で最古の家畜化の状況を示すものとして、基層的な（かなり原始的な）イヌだとほぼ間違いなく認められている。遺伝子の研究で、ディンゴとニューギニア・シンギング・ドッグ一一二個体（それに加えて、別の研究からのオスのフレイザー島のディンゴ五個体）は、三つのハプログループにクラスターされた二〇の単一縦列型反復配列ハプロタイプを共有していることが分かった。大多数のディンゴとすべてのニューギニア・シンギング・ドッグは、これらの個体群にとって明らかに固有のH60一塩基多型の突然変異を持っていたのだ。[3]

　ニューギニアハイランド・ワイルド・ドッグの生存個体群が二〇一四年に再発見されたが、サルバクティらの研究グループによるその個体群に基づいた最新の研究は、ニューギニアハイランド・ワイルド・ドッグが動物園にいるディンゴとニューギニア・シンギング・ドッグと確かな遺伝系統を構成していることを実証した。彼らの遺伝的な類似は、ディンゴとニューギニア・シンギング・ドッグが形態的に酷似していることが示すように、近い関係にあることを示す。事実、確立された血統の基準に従って繁殖していない多くのイヌ、例えばパリア犬、バリ犬、インドの野犬、バセンジー、その他のアジアの原始的なイヌは、外観がディンゴにそっくりだ。本書を執筆するための調査している間に私は、ディンゴについて大まかに「初期設定のイヌ」だと考えるようになった。なぜなら多くの野犬や原始的なイヌは、みなディンゴに似ているからだ。そのとおり、五〇〇〇年前以降に確実にオーストラリアにいた動物という意味で「土着」という大まかな定義を使うなら、ディンゴは大オーストラリア大陸の初期の野犬――土着の有胎盤類なのだ。[4]

ある意味では、オーストラリアとタスマニアに「定住した」ヨーロッパ人たちは、オーストラリア先住民による最初の移住から数万年後の、大オーストラリア大陸への第二の人類の移住だった。ヨーロッパからの最初の移住者たちは、水源も他の資源についても知らなかった。オーストラリア先住民から「ブッシュ・タッカー」、すなわち自然の恵みのままの食物を教えられた時ですら、ヨーロッパ人植民者たちはその意義を分かっていなかった。植民者たちは、食物への緊急の必要性に迫られた時ですら、生存のためのオーストラリア先住民の持つ知識に対してほとんど敬意を払わなかった。

彼ら植民者たちは、元からいた先住民から物事を学ばず、獲物となる在地の動物を殺し尽くす前に移動もせず、狩りをする土地の先住民の所有権にも敬意を払わず、自分たち自身で困窮の原因を作った。ヨーロッパ人たちは、オーストラリア先住民たちによる自然の中での居住地の、意思を持った、知識に基づいた管理を理解していなかった。オーストラリア東海岸についての最初の熱烈な記載と報告の中で、エンデバー号での初めの航海（一七七〇年）でジェームズ・クックと船員たちは、この土地は森と草地と湿地帯で変化に富むと書いた。クックは、森があらゆる種類の下生えの侵蝕から免れていることに気がつき、全土で――少なくともこの土地の大部分で――定住者たちは木を伐採しなくても自然と開墾しやすいように間隔をあけて木が生えていると自慢した。ヨーロッパから来た初期の移民世代と同様に、クックはオーストラリア先住民が自らの分布地を管理運用する、意図的で慣れた方法を単に理解できなかっただけだ。ヨーロッパ人がオーストラリアにやって来て見つけた多様な土地は、先住民たちによって注意深く維持されていたのだ。ヨーロッパ人の到来以前から先住民によって行われていた野焼きの計画的な実行と火による景観の整備は、悲惨にもヨーロッパ人定住者たちによってやめさせられた。

ビル・ガンメイジによる説得力のある研究は、オーストラリア先住民たちが定期的に植生を野焼きして管理する計画的なやり方を実行してきたことを示した。そうやって彼らは、自分たちに有利なように植物資源と動物の両方の分布に影響を及ぼすべく、様々な植生や居住地をモザイク的、パッチワーク状に作り出してきたのだ。ヨーロッパ人たちが「地球上で最大の団地」、そして偉大な自然の豊かさと考えたものは、実は環境への深い知識を通じて発展させた入念な土地管理の産物だった。先住民たちは、いつ野焼きすべきか、何を焼くか、どのような頻度で野焼きするのかを熟知していた。先住民たちが砂漠のような居住地でうまく暮らしていけたのは、この計画的な土地管理があったためだ。(5)

最初のオーストラリア人たちは、フェンスも使わず、恒久的集落も営まず、家畜も飼育せず、さらに大きな食糧貯蔵施設も用いずに、自らの土地を運用した。それらは、ヨーロッパ人の農業とは異なるやり方だった。一七八八年のヨーロッパ系の植民者と囚人も彼らの現在のその子孫の一部も、現代に至っての土地と生態系の荒廃はオーストラリア先住民によって実践されてきた計画的な野焼きの強制的な停止の直接的な結果であることを理解していなかった。植生と景観への特別なやり方での野焼きの影響についての植物と動物に対する大局的な知識と理解は、複雑で、洗練された観察と実践の結果だった。それは、最初のオーストラリア人の生存にとって大きな関係があった。彼らの土地に侵入してきた植民者たちは、オーストラリアのような土地をどのように耕作したり管理したりするかを知らなかったし、先住民たちから進んで学ぼうともしなかった。ヨーロッパ人たちは生活必需品、種子、苗、家畜、労働力を伴って移住したが、そうした実践の大半は自らが住むことになる土地に対して不適切だとは考えなかった。植民者たちが頼った囚人労働のほとんどは、どっちにしても同国人や農民の関心を引くものではなかった。そういうわけで、ヨーロッパ人移民には農業の経験はほとんどなかったのだ。

大オーストラリアに順応して暮らすために他の地域とは異なることが要求されることについて良く研究された例として、一八〇三年にイギリス人警官によってタスマニア島（当時はヴァン・ディーメンズ・ランドと呼んだ）に持ち込まれた最初の家犬の効果を扱わなければならない。かつてタスマニアにディンゴがいたとすれば、この影響はディンゴがタスマニア島に及ぼしたであろう影響に匹敵したかもしれない。（ディンゴがオーストラリア本土に達するずっと前にバス海峡がタスマニアを本土から切り離していたから、ディンゴはタスマニア島にはやって来られなかった。）[6]

ホバートの近くの草原で移入されたイヌを伴ったカンガルー狩猟で、最初のうち植民者たちは大成功を納めた。カンガルーは肉食獣のイヌに無警戒だったからだ。当時の記録では、カンガルーはたくさんいたとされる。グレイハウンド犬によって、午前中のうちに六頭から七頭のカンガルーが容易に捕らえることができたという。イギリスの狩猟犬の恩恵を享受することは、市民と軍の士官たちの明白な特権だった。早くも一八〇四年に、先住民たちは自分たちが狩りをする土地でヨーロッパ人によって殺されたカンガルーを奪おうとし始めた。一八〇五年一〇月までに、ヨーロッパから持ち込まれた生活必需品は消費し尽くされ、地元産の同等物によっても代替できなかった。そのため植民者たちは、食料不足を予測した。タスマニアの最初の牧師であるロバート・ノップウッドは、一八〇五年一〇月の日記に、村に残された小麦粉の配給は三週間分、豚肉の配給は五週間分しかなくなったと心配そうに書いている。知事は、すべての定住者のために配給の一部として新鮮なカンガルー肉を配給することを決めた。そしてそのことにより、壊血病の割合が大きく低下し、植民者たちを死から救ったのだ。オーストラリア先住民の狩りの場においてイヌを使ったカンガルー狩り問題は、知事の決定の直接の結果として、早くも一八〇六年に深刻な紛争となった。

ほどなく植民地域で「カンガルー経済」が発展した。カンガルーの肉と毛皮は、イヌを盗み取れる者なら誰でも入手できたからだ。それから肉や毛皮は、州営購買所などにこっそりと売られた。カンガルー経済は、契約労働の囚人だけでなく森に逃げ込んだ犯罪者（アウトローたち）も、植民地域の法的管理の外で機能し始めた。イヌさえいれば、男なら奴隷労働から逃避し、自由に暮らせた。イヌはカンガルーを襲うから、アウトローたちにとって銃さえ必要なかった。一部の移民農民たちは農業経営を放棄し、アウトローとして暮らすようになり、それがさらに食料供給の問題をこじらせた。ノップウッドはこれらの問題の一部を予見し、カンガルーの肉と毛皮を州政府に売ることにより、牧師としての年収の倍以上の収入を得た。

一八〇六年までにイヌの分布は、自然状態の個体群数が増えたことと、イヌ泥棒、さらに合法的な取引を通じて、さらに広がった。結果として起こったカンガルーの過剰狩猟によって、ポート・フィリップやホバートから徒歩一日圏内のカンガルー個体数は激減した。アウトローと狩人は、獲物のカンガルーを探し、狩猟規制と処罰、植民定住地内の動物管理を免れようと、集落からさらに遠くまで出かけたので、先住民の狩猟場の奥深くまで侵入した。両方の側からの暴力と殺人が日常的なものになった。イヌとカンガルー経済は、一八二四年から一八三二年のいわゆる「ブラック・ウォー」の引き金を引いた。それは、植民者によるタスマニア先住民に対する血なまぐさい組織的殺戮というよりも、戦争と変わらなかった。

オーストラリアの地理的孤立は、もう一つの有益な見通しをつくった。それは、遊動と順応、現生人類が新しい地域に移動していけなかったことを追跡するのに役立つかもしれない。遺伝学者のエリザベス・マティスー＝スミスは、人間の介在によって太平洋の各島に運ばれていったに違いない植物と動物の遺伝的分析に取り組むことで太平洋諸島の植民を研究する、いわゆる片利共生アプローチの先駆者だった。言い換えればある土地に新しい片利共生種が現れるのは、新種がそこに存在するのは人間が運ぶことが必要だったに違いないから、人間の居住した一種の足跡、証明というわけだ。オセアニアにおける人間居住を広く跡づける片利共生種、すなわちそれを代弁する種は、センネンボク（*Cordyline fruticosa*）、カジノキ（*Broussonetia papyrifera*）、タロイモ、ヒョウタン（*Lagenaria siceraria*）である。(7)

このように定住植民者たちの残した写真、日誌、記録文書がオーストラリアへの人間の到着を記録するはるか前に、隣接するオセアニアへのもう一つの非組織的な種類の移住が行われ、新石器革命の革新者を連れて行ったことが分かった。ラピタ文化で運ばれたこの生活様式は、園耕を特徴とした。イヌ、ブタ、ネズミ、ニワトリ、そして独特な様式の土器の存在が、それである。この革命は、その土地の資源の栽培・家畜化の引き金を引き、太平洋諸島に定住集落を広げた。ラピタ様式の土器は、オーストラリアには広く持ち込まれたことはなかったし、ニワトリやブタも同様に持ち込まれることはなかった。一方でこれらは、ニューギニア高地人や各島の住民たちの伝統的な文化では重要だった。そしてディンゴは、間違いなく家畜化の進んでいないイヌとさほど異なっていたわけではないし、上記のような人の代理人としては役に立つのかもしれないけれども、最初のオーストラリア人と共にオーストラリアに来たわけではなかった。ディンゴがアジアの家犬が野生化したのか、家畜化されなかったイヌ科なのかは、大きな論争の的である。[8]

シャオ＝ジー・チャンらは、その問題の解決を期待して、家犬と野生のイヌ科の遺伝的違いを調べた。この研究は、ディンゴはオーストラリアに連れて来られ、新しい大陸で野生化する前に、アジアのどこかで家畜化されていたのではないか、という未証明の仮説に基づいていた。この研究の基礎的な問題は、家畜化とは家畜化する側（人間）と家畜化される種の両方で行動上の変化を伴うということだ。その変化は、家畜化の可能性のある個体の育種選抜を人が調節しているのなら（そしてその場合に限り）、遺伝子の変化を保存するに至る。ところが考古記録には最初の行動の変化を示す特徴、こうした変化の始まった時に現れる証拠は全く無い。チャンが主張するように、ディンゴは家畜化の過程で獲得された主な行動を失ったかつての家犬だった可能性があるし、あるいはまたディンゴは完全には家畜化されず、家畜化につながるであろう方法でオーストラリア先住民に飼育もされなかった種であった可能性もある。[9]

チャンのグループは、ディンゴ一〇個体とニューギニア・シンギング・ドッグ二個体のゲノムの塩基配列決定を行った。そしてこのデータに、ディンゴ一例、中国、台湾、ベトナムの在来犬四〇例、ナイジェリアのヴィレッジ・ドッグ四例、インドの同六例、インドネシアの同三例、パプアニューギニアの同三例、各種家犬の一九例、ユーラシア全域から集めたオオカミの二一例を含めた文献で発表されている九七のイヌ科全ゲノムを加えた。これらのデータの分析の結果、オオカミ、それとはっきり異なるイヌの二つの集団（アジアとヨーロッパの在来犬）、さらにディンゴとニューギニア・シンギング・ドッグから成るグループとの間に、明らかな遺伝的差異が浮かび上がった。研究グループは、インドネシアのヴィレッジ・ドッグがディンゴとニューギニア・シンギング・ドッグと遺伝的に最も似ていることを見出した。

チャンたちは、ディンゴの進化的に選抜されたと思われる五〇の遺伝子を同定した。それら遺伝子の多くは、脂肪、炭水化物の代謝、神経発達、繁殖に関係していた。これらの遺伝子の一三個は、イヌに見られる遺伝子と異なっていたが、オオカミの遺伝子には似ていた。チャンたちとは別の研究者たちは、家犬は澱粉消化に関係するたくさんの遺伝子を持つ一方、ディンゴとオオカミの両者はこれらの遺伝子の数が非常に少ないことを見出している。しかしこうした遺伝的な変化がいつ起こったのかを知る信頼できる方法はない。

チャンのチームは、インドネシアのヴィレッジ・ドッグは他のイヌと九一〇〇年前頃に、またディンゴとは八三〇〇年前頃に分岐したと推計しているが、これは考古記録と古生物学記録とあまり一致しない。同チームは、この発見はディンゴが野犬化を通じてオオカミに似るようになった遺伝的先祖返りを経たことを示すものと解釈している。しかし同時に、ディンゴは元祖のオオカミの遺伝子を単に維持していただけで、一度も家畜化されなかったから遺伝子が改変されなかった可能性もある。

父系の遺伝子継承についてはどうか？　ベンジャミン・サックスらの研究チームによる、アメリカの厳密に同系交配された飼育下個体群から得られたニューギニア・シンギング・ドッグのY染色体の分析の結果、ディンゴとニューギニア・シンギング・ドッグは、ニューギニアとオーストラリア本土を連結していた陸橋が海没する前にオーストラリアに到達していた蓋然性が最も高いと推定される。二〇一四年に発見されたニューギニア高地の「ハイランド・ワイルド・ドッグ」野生個体群は、飼育下のニューギニア・シンギング・ドッグと遺伝的に密接な関係のあることが今では分かっている。飼育下のすべてのニューギニア・シンギング・ドッグは、野生で捕獲された八個体の遺伝的系統に属していて、したがってかなりの同系交配だから、サルバクティらの研究グループによるニューギニア高地のハイランド・ワイルド・ドッグ個体群から得たサンプルの分析が、ディンゴと極めて近い関係にあるが、彼らより大きな遺伝的ばらつきを示したことも全く意外なことではない。Y染色体データの示すところでは、ディンゴの創始者個体群は八〇〇〇年以上前にオーストラリア本土に達していたことになるが、約三五〇〇年前までは古生物学的、考古学的にはまだ証拠が得られていない。最初のオーストラリア人がこの大陸に住み着いた古い時代にディンゴが家犬として彼らと親密に暮らしていなかったのだとすれば、この期間にオーストラリア先住民の生活遺跡や墓からディンゴの痕跡は現れることはないだろう[10]。

考古学的証拠（遺伝学的証拠ではない）に基づいて現在考えられているように、もしディンゴが三五〇〇年前頃までオーストラリアにいなかったとすれば、ディンゴはかつての超大陸の最初の植民者と共に来たのではなく、また彼らとの関係もなかった。こうして、イヌと一緒の狩りこそユーラシア大陸での早期現生人類の生存に重要な要因だったという私の仮説は、オーストラリアの植民での諸遺跡・遺物によっては裏付けられないことになる。オーストラリアは、他の多くの点でもそうであるように、この面で独特である。

人類居住の代理指標としてディンゴを用いる際に、重要な問題がある。ディンゴとは正確には何者なのかに関して、統一的見解が無いのだ。ディンゴは最初のオーストラリア人と一緒に大オーストラリア大陸に入ってきたのではないが、その後に、おそらく一時的な渡来者グループと共に来た、ということはまず確かだ。しかしチャンらによって主張されているようにディンゴは野生化した家犬なのか（*Canis lupus dingo* または *Canis familiaris dingo*）、それともマティスー＝スミスが言うように野生イヌ科の別種なのか（*Canis dingo*）については大きな不一致がある。ディンゴは確かに、出産パターン、発達、発声、骨格プロポーション、登攀能力、そして社会的行動と人類との絆の形成で、ユーラシアの似たような体サイズの家犬とは違っている。[11]

最後に挙げれば、ディンゴがどこからやって来たのかについて、実は遺伝子の研究のサンプルが純粋種のディンゴを含むかどうか分からないので、説得力のある証拠はほとんどないのが現状だ。研究者の中には、ディンゴとイヌの交雑個体がオーストラリアの野犬個体群の七八％を占めていると推定する者もいる。だから純粋種のディンゴは、実際には絶滅しているのかもしれない。しかし一部地域から得られた最近の標本は、交雑の痕跡を全く残していないように見える。

ディンゴがいつオーストラリアに渡来しようとも、最も確からしいシナリオは、舟に乗ってきた人類と共にオーストラリア本土にやって来たということだ。だから大オーストラリア大陸への人類の移住を理解したいなら、ディンゴとこの超大陸の人類の植民とその後のディンゴの侵入との間の類似点と思われるところをもっとつぶさに見ていく必要もある。

# 第十三章　どのように侵入したのか

もしイヌの家畜化が、現生人類がユーラシアに進出し、そこで適応し、生き延びた時に、彼らにとって利点として効果があったのだとしたら、どうしてイヌはオーストラリアへの植民にもっと目立った形で表れないのだろうか？　なぜ最初のオーストラリア人はイヌを連れてこなかったのか？　その答えは明白だ。現生人類がヨーロッパとアジアに向けてアフリカを出て拡大を始めていた時、イヌがまだいなかったからだ。ディンゴが姿を現す時まで、最初のオーストラリア人はたぶん三万年間から六万年間も、オーストラリアをうろついていた。人間とイヌ科の双方とも大オーストラリア大陸で生き延びるのに必要だった適応と知識は、将来のユーラシア人によって必要とされたものとはかなり違っていたのだから、この差異は重要のように思われる。

最初のオーストラリア人が適応しなければならなかった生態系は、他の大陸に比べて今までにないほど新しいもので、また全く類例の無いものだった。現生人類が初めてヨーロッパに現れた時、ヨーロッパの基本的な氷河時代動物相は人類が初めて進化したアフリカの動物相と、大まかに言えば似ていた。だがオーストラリアはそうではなかった。また現生人類がアフリカを出てヨーロッパに移動した時、彼らは、数万、数十万年もの間、この地域でハンターとして成功裏に暮らしていた古代型人類とも顔を合わせた。最初のオーストラリア人は、そうではなかった。このように現生人類がユーラシアへの移住と適応で突きつけられた課題を大オーストラリア大陸への移住と適応によるものと比較することは、極めて重要な二つの要因を浮かび上がらせる。

第一が、現生人類がユーラシアに到達した時、二足歩行の、火を使い、石器制作する捕食者のニッチは、すでに別の人類によって満たされていたことだ。それが、ネアンデルタール人、デニーソヴァ人、さらにその他の古代型のヒト族である。哺乳類の捕食者ギルド内の競争も、ほぼ確実に激しかった。半ば家畜化されたイヌとの不完全な協同のようなものでも、狩りの成功度がある程度は向上しただろうし、たとえその程度の向上でも、現生人類の成功度に大きな影響を及ぼしたであろう。

第二が、オーストラリアの在地の獲物となる動物は、人を知らないので人間の恐ろしさをまだ学習していなかったことだ。この人慣れしていないことが、人間のハンターに重要なメリットとなった。利用できる獲物として、肉食獣から身を守るために跳躍スピードに優れた中型から大型の草食獣がいた。捕食者から全力疾走し、跳びはねて逃げ、逃げ足の早さを見せびらかす。旧世界で一般的な獲物となる草食獣――ウシ科、ウマ科、シカ科、サイ科、長鼻類（ゾウ）など――とは、ホップしたり跳躍したりして逃げるオーストラリアの大型有袋類は、かなり違っていた。それより小型の有袋類は、木につかまっていたり、地下の巣穴にこもったりしていた。オーストラリアの有袋類の大きさは、小さなネズミ大のものから、ディプロトドン・オプタートゥム（*Diprotodon optatum*）や（バクのような短い鼻を持った）パロルチェステス・アザール（*Palorchestes azael*）、そしてサイのような大きさのジゴマトゥラス・トリロバス（*Zygomaturus trilobus*）といった非常に大型で鈍重な草食獣までいた。上記の三者は、大まかに言ってアフリカのゾウやサイに匹敵するとみなせるだろう。恐ろしげな爪を持った大型の飛べない鳥

――ヒクイドリ、エミュー（*Dromaius novaehollandiae*）、巨大な絶滅鳥ゲニオルニス――は、快足の走者だったと見られる。これらの鳥は、大きな爪の付いた足でかなりの自衛能力も持っていた。

全般的に見て、オーストラリアの動物相が見たことのないものであったことは、人類に新しい狩猟戦略とそれらの動物たちの習性についての新知識を必要としただろう。ディンゴも本物のイヌも、どう古く考えても数千年前頃までは大オーストラリア大陸にはいなかったようだ。この事実は、ディンゴもイヌも、サフルに住み着いた最初の人類の友や狩りの援助者ではなかったことを示すが、記録からうかがえることは、印象的である。

およそ五〇〇〇年前〜三〇〇〇年前にディンゴが到来したことは、遺伝子からの推定と、人の居住した遺跡から見つかった化石の両方から分かる。しかしその推定年代は、正確には一致しない。もしディンゴが大オーストラリア大陸に渡来するより前に全く家畜化されていなかったのだとすれば、ディンゴは到着後にも直接には人と関係していなかったのかもしれない。記録から推定されるのは、そのことだ。大オーストラリア大陸で知られている限り最古のディンゴ化石は、埋葬地と見られる所で発見された。この事実は、五〇〇〇年前かそれより古くにディンゴがオオカミの系統から分岐したと分子の上で推定される年代と、三二五〇年前（放射性炭素年代は、大気中の放射性炭素の量が実年代の経過でいくぶん変動するので、較正される必要があり、これは較正された年代）と測定された化石記録でのディンゴの実像との食い違いを説明してくれるのかもしれない。そうではなく、渡来時にディンゴが家畜化されていたのなら、あるいは少なくとも人に慣れていたら、ディンゴはすぐに、人間に改変された居住環境で食料探しをしただろう。

今のところ、分かっている限りで最古のディンゴ標本――埋葬と判断されている――は、ナラボー平原にある人の居住跡のマドゥラ洞窟からのもので、較正放射性炭素年代で三四五〇年前である。この洞窟から出土した二個体のディンゴの骨は、最近になって骨を直接、炭素年代を測定し直し、較正年代で三三四八年前と三〇八一年前と出た。較正炭素年代で三二五〇年前という年代が、南部でのディンゴの渡来に与えられた信頼できる最古のものとなっている。しかしそれでは、三二五〇年前よりずっと前に、ディンゴは渡来していたのだろうか？　ジェーン・バルメたちは、人と共にいた家犬が三〇年以内にタスマニア全土に広がったことに注目し、三二五〇年前をそれほど遡らない時期を推定している。クリム・ゴーランは、渡来後五〇〇年以内に大陸全土への拡散を推定し、一方でグレン・サンダースらは、その拡散を一〇〇年と推定した。比較として、ネコはオーストラリア本土全土に約七〇年で拡散した。

こうした推定値のどれ一つも、遺伝子の推定値のような、一万八三〇〇年前以前～五〇〇〇年前というディンゴ渡来の推定年代の代わりにはならない。残念ながら遺伝子の推定値は、どれも正確な年代を出していない。その推定値は、観察できる突然変異の数がどれだけの年数で起こるのかを教えてくれるに過ぎないのだ。だがすべての遺伝子は、同じ割合で突然変異するわけではない。だから突然変異の数は、二つの種が分岐して以来の正確な年数をいつも測定できるものではない。

人と同様に、ディンゴの上陸した最も可能性の高い場所は大オーストラリア大陸北部であり、そこからニューギニアやアーネムランドを経て数千マイルもある様々な環境の土地を通過して、オーストラリア本土の南海岸にあるナラボー平原へ到達するには、非常に速い拡散速度を必要とした。ディンゴが遠くに、そして速く拡散したことは、彼らがオーストラリアの環境への効果的な適応を発展させたことを推定させる。さらにその拡散は、ディンゴにはそのままでは利用できない食資源を創り出した人間によっても促進された可能性も考えられる。ディンゴの骨が見つかる多数の遺跡に考古遺物も含まれる事実は、オーストラリアに渡来の時にディンゴは不十分ながらも家畜化されていたか、少なくとも人に慣れていたことを強く示唆している[1]。

ディンゴの大オーストラリア大陸への渡来物語を復元する際のもう一つの大きな問題は、その動物が純粋なディンゴか、あるいは祖先が家犬である別の動物なのか、それを目で見て判断することはほとんど不可能だということだ。経験を積んだ野生動物の専門家でさえ、見ただけで動物を分類するのは難しい。純粋なディンゴをディンゴとイヌの交雑個体から区別するのにかつて用いられた、ディンゴの頭蓋の詳細で基準化された計測も、もはや正確なものとみなされていない。なぜなら交雑の第一世代と分かっている個体は、イヌのような外観よりもずっとディンゴ的な形態を示すからだ。多数の形態計測の方法を用いて信頼できる形でイヌからオオカミを識別するのが困難であることは、イヌとディンゴとを見分けるのが同様に難しいだろうことを物語っている。

ディンゴと様々な家犬との遺伝子の比較は、純粋なディンゴを交雑個体から識別する手段として初めは非常に有望と見られたが、そうした調査はその動物を捕獲するか殺すかしないと実行できない。その方法は、ディンゴ保護計画に対して不適切でもある。故アラン・ウィルトンと他の研究者たちは、ディンゴに特有と考えられるマイクロサテライト——何の情報もコードしていないが両親から受け継がれるDNAの反復配列部分——を発見した。さらなるゲノムの分析で、ディンゴと彼らに近い類縁者であるニューギニア・シンギング・ドッグのY染色体に独特なハプロタイプが見つかった。しかしカイリー・

ケルンズの研究グループによるディンゴのミトコンドリアDNAゲノム全体の遺伝的調査は、二つの大きなディンゴ・ハプロタイプ系統しか存在しないと結論づけて、ピーター・サヴォレイネンとアーマン・アーダラン指導の研究チームによってなされたそれまでの調査を無効化した。ケルンズと彼女のグループは、自分たちのサンプルから全部で二〇の異なるハプロタイプを見つけ出した。二つとは衝撃的なほどの違いである。先行する諸研究で、どれだけ多くの変異が見落とされていたのだろうか？　鍵は、ケルンズらの研究が、数百塩基対のサンプルではなく、ゲノム全体を調べたことだ。(2)

ケルンズの研究グループによって発見された二つの重要なハプロタイプは、北部と西部の動物から見つかったものと南東部のディンゴで発見されたものとから成っている。すべてのサンプルは「野生の」ディンゴに由来したものだが、家犬と交雑したサンプルから純粋なディンゴを識別することの難しさは、これらがディンゴ特有のハプロタイプだと結論づけるのは疑問の余地があることを意味する。あいにくニューギニア・シンギング・ドッグも、明確には定義されず、かつどちらかと言えば不明である。飼育下の全ニューギニア・シンギング・ドッグは、一九世紀から二〇世紀半ばに捕獲された七頭ないし八頭の個体の子孫だ。だから彼らはかなり近親交配を重ねている。彼らは見た目もかなりディンゴに似ていて、吠えたりはしないが、声をそろえて「歌う（つまり遠吠えをする）」。彼らは赤毛、つまり体毛は赤い。顎先の下面、足、尻尾の先が白の混じった黄褐色の様々な色合いもしている。フワフワした尾と二重の体毛、比較的幅広でくさび形の頭を持ち、ディンゴよりも脚は短い。両耳はピンと立っている。成体の体重は、八～一〇キロくらいである。

ニューギニア高地のハイランド・ワイルド・ドッグの野生個体群の三頭から得られた高品質のサンプ

ルは、今では分析され、かつて捕獲されたニューギニア・シンギング・ドッグのオリジナルの個体群であることが確認されている。この野生のイヌ科は、ニューギニア・シンギング・ドッグの近親交配の飼育下個体群と密接な関係があり、このイヌ科の既知の遺伝的違いをやや大きくした。今や合理的に見て確実に、このニューギニア高地のハイランド・ワイルド・ドッグはニューギニア・シンギング・ドッグの生き残った創始者個体群であり、またオーストラリアの純粋なディンゴと密接な関係のあると言えるのだ。

Y染色体上のハプログループ（単一の祖先系統から受け継いだ遺伝的な分類）はカリフォルニア大ロサンゼルス校のベンジャミン・サックスらによって解析された。彼らは、交雑が無いオスのディンゴと考えられた個体群をサンプリングした。彼らの解析もまた、二つの系統の存在を示唆している。北西部のディンゴはH60とH3のハプログループを共有している。そのことは北西部ディンゴを、飼育下のニューギニア・シンギング・ドッグと遺伝的に近い存在にしている一方、南西部のディンゴはH3とH1のハプログループを有していた。しかしこれらのY染色体のデータは、ディンゴの中で母系から受け継ぐミトコンドリアDNAから得られたデータと矛盾する。そのことは、南東部の群れに由来するメスのディンゴはニューギニア・シンギング・ドッグと他よりも密接な関係のあることを推定させる。

この明らかな矛盾は、ディンゴ間の性別による行動上の柔軟性を反映しているのかもしれない。たぶんオスよりもメスの方が新しい群れに受け入れられやすいのか、サンプルに取ったディンゴに問題があるのだろう。現実の落とし穴は、これらの、そして他の研究に使われたディンゴが完全なディンゴであって交雑個体ではないのかどうかが分かっていないということだ。アーダランたちは、こう主張する。

「血液サンプルは、飼育下とオーストラリアの様々な場所の飼育と無関係の野生のオス四七個体から集められた。……ほとんど家犬との交雑がない、表現型だけでなく、可能な限りディンゴに特徴的なマイクロサテライト（反復配列）の分析に基づいたディンゴからサンプリングする努力が払われた。」アーダランたちは自分たちのサンプリングした野生ディンゴが他のディンゴとは無関係だとどのように把握していたのか、それは明らかではない。しかしこれは、ディンゴのサンプルが他個体からかなりの距離をとった所で集められたという合理的仮定である。オーストラリアの最古級の植民地以前のディンゴ標本——ミイラ化された遺骸、皮、化石、そして博物館に収蔵された遺体という標本を使った——でなされた、最近に資金支援されたゲノム研究がメラニー・フィリオスによって完了されるまで、完全なゲノムからでさえディンゴをどのようにして厳密に確認したらよいのかは分からないだろう。その情報が集められるまで、ゲノム研究すべての結果は暫定的なものとみなされなければならない。そうした研究は、人間とディンゴの関係を理解するのに重要な優先事項である。[3]

最初のオーストラリア人のオーストラリアへの適応とその後にやって来たディンゴの適応との比較は、オーストラリアに拡散した有胎盤類捕食者が直面した挑戦を明瞭にさせられると期待できる。異なるニッチだが同じ環境に暮らす捕食者たちのように、互いに全く異なる有胎盤類と有袋類の二種は、寒くて乾燥した環境に加えて、群れの大きさや構成、食用にできる食資源の利用においても、やや似たパターンを示した。[4]最初のオーストラリア人と同じように、ディンゴも拡大家族から成るかなり小さな群れで暮らしている。そして最初のオーストラリア人にとってもそうだったように、水という資源についての知識は、ディンゴにとっても重要である。ディンゴの縄張りの中にある水資源についての彼らの知識を考量するのは困難だが、他の多くのイヌ科動物よりもディンゴは、淡水を飲まなくても長期間耐えられるように生理的に進化してきたことが実証されている。またディンゴは、地下水を検知し、多数の動物種が恩恵を受けられる水を掘り出すことができると考えられている。発信器を付けた野生のディンゴを観察した研究では、一部の個体は水場に寄らなくとも二二日間という長期にわたって放浪したことが報告されている。ディンゴと同じように、乾燥地に暮らすオーストラリア先住民は、同じ条件でのヨーロッパ人のグループよりも、さほど厳しい結果とならずに夜間の極端な寒さと脱水に耐えられるように明らかに適応していた。(5)

遊動生活も、オーストラリアでの人の適応の主要特徴である。一つの地区内の動物と植物の食資源をあまさず食べて回ることができるから、遊動生活という習性には利点がある。景観が火入れによる農耕(意図的な焼き払い)、灌漑、その他の開拓戦略によって管理運用されている時でさえ、そうである。実際、現代のオーストラリアでディンゴが法律で保護されている地域では、ディンゴを保護する規制は厳重で、ディンゴは一カ所に留まるよりもフェンスで囲まれた監禁状態の中から逃げ出す強い傾向を示す。多くのオーストラリアの牧畜家は、自由にうろつき回るディンゴが家畜、ペット、子どもたちを襲うと恐れているので、彼らがペットのように保護されている区域から逃げ出さないようにするのが重要である。

幅の広い食物摂取、特に魚介類などの沿岸部の食資源を含む摂食は、最初のオーストラリア人に優位性をもたらしたはずだ。同様にディンゴも、(魚を含めて)広く獲物をとり、季節や場所に応じて植物性食物も食べる。ディンゴは特定の地域では豊富な一種類の獲物を集中的に狩ることもあるが、放浪している時は、非常に多様な食資源を食べる。野生ディンゴが臨機応変な摂食行動をすることは、単独行や連れが一頭だけの時は小型の有袋類を狩猟し、大型の有袋類が多数いる時だけは群れで狩りをすることでわかる。

細部は居住地やオーストラリア先住民の文化集団によって変わるが、ディンゴは先住民の生活の一部であった。伝統的にオーストラリア先住民は頻繁にディンゴの幼体を巣からさらい、野営地に連れ帰って育てた。ジェーン・バルメとスー・オコーナーが注目したように、植民地時代、ディンゴはどこにでもいて、ほとんどいつも必ず人間たちと一緒にいた。オーストラリアでの先住民の野営地の暮らしや集まりを記録した民族誌や歴史記録の絵の中で、ディンゴを含まないものを見つけるのが困難なほどだ。ディンゴの仔はペット、友だち、眠る時の毛布、人や超自然的な精霊に対する守護者として扱われた。またディンゴの仔は、餌を与えられ、時には先住民の女たちから授乳され、ノミを取ってもらわれ、愛撫され、甘やかされた。（私の主催してきた発表会に出席した西側諸国の一部の人たちは、ペットや家畜に女たちが授乳することを考えてショックを受けた。だがこのことは、前産業化社会の民族では珍しいことではない。彼女たちは動物を育てるのを当たり前のように行い、人間と「食物の残り物」と同じように母乳を与えるのだ。）むしろ意外なことだが、長旅やか弱い仔の足では徒歩が困難な所では、ディンゴの仔は女たちが腰の周りにくくりつけて運ばれた。女たちは男たちよりもディンゴに特別な関係を持ち、平均して男たちよりも三倍も多くのディンゴを所有していたようだ。

こうした行動が示すのは、ディンゴは人間が改変した居住地にまず十分に適応していたということだ。一部の地域ではディンゴは伝統的に獲物を追い立てるのに使われ、また別の地域では観察者たちはディンゴが猟犬としては役に立たないことを見た。ディンゴは、大型の獲物をしばしば怖がらせて追い払ってしまったのだ。バルメとオコーナーは、説得力をもって次のように仮定する。ディンゴは、植物性食物、甲殻類、オオトカゲやネズミ、ヘビ、ポッサムなどのような小型の獲物を集めていた女たちに頻繁に付き従っていたのだ、と。ディンゴを連れていたことによって、そうした獲物を探す時間を減らせたかもしれない。ディンゴは、人間よりもずっと鼻がきき、耳がいいからだ。(6)

昔からディンゴは、先住民たちに悪霊や幽霊を感知できると信じられていて、女や子どもの保護者として好意的に評価されていた。先住民神話の言い伝えでは、世界は潜在的危険性に満ちているとみなされている。その危険とは、有害で有毒の生き物、よそ者、規則に定められた行動に従わなかったことに対する仕返しをしようとしている祖先などの形をとっていた。

ディンゴと先住民部族との近しい関係は、植民地時代でも近代でも、十分に記録されている。これを基にして、バルメとオコーナーは、検証可能な仮説を提唱する。すなわち現在のディンゴの食に関する情報と民族誌と歴史史料の証拠を組み合わせれば、ディンゴの導入と野営地でのディンゴと女たちの間に形成された密接な絆は、食べ物を集めに出た女たちが獲物に出合う確率を増加させる効果を持ち、それによって食物に占める女たちの集めた肉の役割を高めることに寄与したということを推定できる、と。もしこの通りなら時を経るに連れて、考古遺跡で(大型動物が相対的に減り)バラエティーに富んだ小型、中型の獲物とそれに見合ったそうした動物が増えることが期待できるだろう。中期から後期の完新世の考古遺跡ではほとんどサンプルが集められておらず、この仮説を検証できるだけの十分な詳しさで分析されてはいないが、実際に調べられた遺跡では、バルメとオコーナーの予測したある種の獲物の変化を正確に示すのだ。

もっと重要なのは、ディンゴは伝統的な知識、カラバリー（オーストラリア先住民のお祭り）、歌に深く組み込まれていたことだ。多くの事実が明らかになってくると、「夢の法（Dreaming law）」は時代と共に変遷することが認められているので、ディンゴがオーストラリアに到来した時に、かつては有袋類のサイラシンに割り当てられていた昔からの神話上の役割を彼らが引き受けたと推定される。ディンゴはサイラシンの絶滅に一定の役割を果たしたと推定されている。サイラシンは、見たところはイヌに似ているが、大きな口を持ち、体には腰から尻尾にかけて縞模様があった。多くの神話は、ディンゴを人間の祖先としている。そしてドリームタイム（オーストラリア先住民の世界観）で、ディンゴは人間たちにどのように行動すべきを教えた。「母なるディンゴ、父なるディンゴは、先住民を創る」とは、ウィルンガヤリ創世神話の一部を翻訳したものだ。(7)

祖先が交互に、また同時に人間にもなりディンゴにもなれることは、オーストラリア先住民の信仰の基礎的前提となった。アイデンティティーの二元性は多くのヨーロッパ人を当惑させるが、それはオーストラリア先住民文化におけるディンゴの特別な地位を直接に物語っている。メリル・パーカーは、オーストラリア先住民と白人オーストラリア人のそれぞれの神話でディンゴの二元的役割を調査した。オーストラリア先住民の神話と説話で、ディンゴは人間の祖先というだけではなく、人間になることもでき、また元にも戻れるのである。

人間に対して用いられた埋葬法に似たやり方でのイヌ科の埋葬は、その家畜としての地位についての明らかな指標になると、多数の考古学者にみなされている。しばしばディンゴは、人と同じように埋葬された（埋葬されている）。例として、イアン・カヒールとフレッド・クラークは、メルボルン東南部に住んでいた大牧場主のサミュエル・ローソンの記録を挙げる。ローソンは一八三九年に、彼の飼っていた家禽を殺したために「ブーンウルルング族のイヌ」（当時、ディンゴの純粋種であったようだ）を数頭、どのように射殺したかを記録した。ローソンは自分の日記に、そのイヌの先住民飼い主の反応を書き留めた。先住民たちは自分たちの四つ足の友の死体を、毛布と樹皮でくるみ、ディンゴの墓に火を焚いて、大がかりの葬礼で埋葬した。その後、先住民たちは野営地をたたみ、川の上流に移動していったという。カヒールとクラークは、ヴィクトリア期の先住民たちが自分たちのイヌに対し次のような埋葬儀礼を行ったことを記録した入植者のウィリアム・トーマスの記事も引用した。「黒んぼたちは、自分たちのイヌを埋める時の儀式を含め、いろいろなヌガール＝ギー（つまりカラバリー（踊り））を持っていた。他にはどんな動物だって、因習的な先住民どもの手で埋められることなんぞ、普通はない。[8]」

二〇一〇年、ベン・グンたちは、岩壁画の調査中に自分たちがアーネムランドで発見したディンゴの埋葬を記載した。その埋葬は、岩壁画が飛び抜けて集中する多数の岩陰のある中央高地地域にあった。ディンゴが埋葬されていた岩陰の壁面には、赤いカンガルーと蜜蝋の六角形のデザインの上に描かれた頭飾りをした人が踊る像を描いたかすかな白い岩壁画が残っていた。骨格の骨は、なお関節していた。ディンゴの全身は樹皮製の布でくるまれ、死後すぐに岩陰内部にある高い岩棚上に安置された。遺体が撹乱されるのを防ぐように、岩が数個積み上げられ、一部火で焼けた三本の丸太も岩棚上に置かれていた。それは遺体の包みを保護するためだったのかもしれないが、将来の使用に備えて薪を貯蔵していただけだったとも考えられる。脊椎骨と肋骨を試料に標準的な放射性炭素年代が測定され、このディンゴ

時にはディンゴは、人間と同じ儀礼で埋葬された。ベン・グンは、アーネムランドでの岩壁画の調査中に、ある岩陰で1頭のディンゴの埋葬を発見した（上）。そのディンゴは、欠けた部位の無い状態で樹皮で編んだ布にくるまれていた。その包みは岩棚の上に置かれ、岩の輪が作られて攪乱を防いでいた（下）。骨には、オーカーは振りかけられていなかった。ジャウォイン族の長老は、自分たちの知る限りこれは普通にはない扱いだ、とグンに言った。骨を直接、年代測定したところ、このディンゴは西暦1680年から1930年に死んだ（埋葬された）と推定された。

は西暦一六八〇年から一九三〇年の間に死んだことが、高い（九五・四％の）確率で明らかになった。[9]
ディンゴの埋葬が発見された土地に暮らすジャウォイン族の人間の埋葬は、これとよく似た多くの特徴を持つ。だが長老たちは、埋葬されたディンゴなど普通にはない、とグンたちに言った。

ジャウォイン族にとって、伝統的な人の埋葬には二つの段階がある。初めは遺体の樹木葬で、数カ月後に骨だけになった時に回収する。その後、頭蓋と長骨にはオーカーをふりまき、ペーパーバーク（オーストラリア自生の木）の皮でくるみ、クラン（氏族）のテリトリー内にある岩陰内に安置された……。遺骨の入った包みは、普通は小さな岩の割れ目の中か岩陰の岩棚の上に置かれ、その後、岩で周りを囲んで保護される……。時が経つにつれ、動物が埋葬を撹乱することがあるかもしれない。その時は、親族か他の者が岩陰を訪れ、思い出の印として頭蓋をその故郷を見渡せるよう、岩棚上に目立った形で置くことがある。[10]

ディンゴは、現在のジャウォイン族の神話では特に目立った登場者ではないが、他のアーネムランドの部族の神話では大きな役割を果たす。
その後もジャウォイン族のテリトリーからはもう一例、グンたちのグループによって、前の例と似たような樹皮製の布でくるまれ包みにされて岩陰に置かれたイヌ科動物の埋葬が、同じ岩壁画の考古学調査の途中、発見された。発見地は、最初のディンゴの埋葬の約四〇キロ南の岩陰であった。二例目は、イヌかディンゴとイヌの交雑個体のいずれか、と暫定的に判断された。だがそのイヌ科動物の正体は、骨を埋葬から取り出すことができなかったので、不明だ。このイヌ科動物の標準的な放射性炭素年代を測定したところ、死亡年代は八八年前±二五年と推定された。これは、最初の埋葬例と実質的には同年代となる。現代のジャウォイン族の長老は、ディンゴかイヌを埋葬する風習は普通にはなく、慈しんだペットへの感謝の意を示した一人の個人的行為だろうと断言した。だがディンゴの埋葬は、アーネムランド南部、クイーンズランド、キャサリンの西のウァーダマン地方、西州境近くのキープ川地域を含む他の地域でも知られている。それらの埋葬には、時には岩壁画や人の埋葬が伴うこともある。

これらのディンゴの埋葬は、伝統的なオーストラリア先住民の目から見て精霊や超自然的存在としての地位をディンゴが獲得していたという見解を確かにするものだ。ディンゴの遺骸や埋葬から推定されるのは、ディンゴが実際に家畜化されていようといまいと、ディンゴはオーストラリアに渡来後すぐに人間に近い地位を獲得したということだ。興味深いことに、オーストラリアにヨーロッパ人植民者たちが進出する間に本物の家犬が渡来した時、家犬はほとんどすぐにオーストラリア先住民に受け入れられたのだ。家犬は、狩りの協力者や友として強く望まれ、賞賛された。だがイヌもディンゴも、最初のオーストラリア人には利用されていなかった。(11)

最初のディンゴは最初のオーストラリア人と共にやって来たという広く普及した科学的仮定は、三〇〇〇年前と年代推定されたフロムス・ランディングでの化石化したディンゴ骨格の発見で一九六〇年に覆された。メリル・パーカーが調査で明らかにしたディンゴについての先住民諸部族の説明の中には、ノーザン・テリトリー海岸部のクンディ＝ジュミンドゥ族によって二〇〇〇年～二〇〇五年になお行われていたカラバリー（伝統的な踊り）があった。その踊り手たちは舟のデッキを興奮して走り回り、海中に飛び込み、岸に向かって泳ぐディンゴを演じた。その演技をビデオで観た私は、それと容易に分かるディンゴを演じる踊り手を自分自身で見つけた。船頭は、他の土地から来た来訪者だった。疑問が起こる。ディンゴを乗せてきた来訪者とは誰なのか、あるいは誰だったのか？　別の研究で、パーカー、そしてメラニー・フィリオスとポール・タコンは、彼らは中国人商人に売るためにナマコ漁をしに来ていたマカッサル人だったのではないか、と推定している。ただ、マカッサル人商人が紀元前一五〇〇年より前にオーストラリアまでの航海を始めていたという確かな証拠はない。[12]

神話を書き留めたイギリス人の話者によってある程度は改変されてはいるものの、パーカーはディンゴについて書かれた五〇もの神話を見つけた。オーストラリア先住民の神話はかなり大まかで神話を聞く側のヨーロッパ人には欠けている大量のバックグラウンドの知識を前提としている点で、多くのヨーロッパ人にはかなり不可解なものと見えたから、それらの神話が書き留められる時には、説明が付け加えられていた。これらの神話は、しばしば水源がどう創造されたかや独特な岩の形成について説明している。したがって大きな疑問は、たかだか数千年前にオーストラリアに居着いたディンゴがどのようにして景観を形成し、川を開削し、ディンゴの仔を思い出させる物として大きな岩を残すことができたのか、である。だが時間は、オーストラリア先住民の信仰では、必ずしも直線状ではない。同じようにローランド・ブレックウォルドは、ディンゴが前よりも身近な存在になる一方、サイラシンが稀になりついには絶滅した時、ディンゴは伝統的な説話でサイラシンにとって換わったのかもしれないと推定する。ドリームタイムの神話で表現される「夢の法」は時代を経ても不変だったみなされるが、その言語をちょっと変え、サイラシンの代わりにディンゴを使う、あるいはディンゴの代わりにイヌを使うことは、先住民の理解と完全に矛盾しない[13]。

ヨーロッパやアメリカで研究するダーシー・モーレイは、ディンゴがまるで人であるかのように埋葬されたことは、イヌ科が人に近い地位を保ってきた反論の余地のない印の一つだと主張する。ユーラシアで一万四〇〇〇年前頃から始まるが、おそらく家犬と思われるイヌ科に対して多数の埋葬が行われ、それと分かる墓地さえも営まれる。だが大オーストラリアではディンゴと人の同盟は、年代的にはるかに新しい時代になるまで、ユーラシア的なやり方のものがはっきりしてこない。人類とイヌ科との協力関係は、中・東部ヨーロッパとアジアに進出し、自分たち以外のヒト族と旧世界動物群の双方に直面した現生人類にとって重要な利点ではあったが、オーストラリアでは当てはまらなかったのだ。人とイヌ科動物は、人類がオーストラリアに渡った数万年後まで、大オーストラリアでは単純に一体とはなっていなかった(まして片利共生的関係になっていたわけでない)。イヌ科はユーラシアでは人に信頼されていたが、オーストラリアではそのようには競合相手をめぐる人の生存に不可欠と信頼されていない。それでは、なぜ最初のオーストラリア人は定着に成功できたのか?

最初のオーストラリア人は、ユーラシアの早期現生人類を凌駕するいくつかのメリットを持っていた。一つは、大オーストラリア大陸で彼らはたくさんの大型肉食獣ともまた別のヒト族とも出遭わなかったことだ。またサフル大陸の哺乳類の肉食獣ギルドにはユーラシアのそれと比べてさほど多数の種がおらず、身体的により小さい種で構成されていたので、最初のオーストラリア人はユーラシアほど激しい競争に直面しなかった。現生人類が大オーストラリア大陸に到着した当時、中型の哺乳類、つまり有袋類の肉食獣は二種、すなわちサイラシンとフクロライオンしかいなかった(ただし、サフルの恐ろしい爬虫類と鳥類の捕食者たちとの競争の可能性を軽視するのは愚かだろう）。もう一つのメリットは、沿岸漁民だった最初のオーストラリア人は、海産食資源の利用方法を知っていたことだ。この海産食料が彼らの食物の基礎となり、陸上食資源はそれを補うものだったのだろう。この二元経済は、明らかに持続可能だった。最後に挙げるべきは、最初のオーストラリア人がかなり早いうちに利用することを学んだ陸上動物が、ヒト族ハンターに対して無警戒だったことだ[14]。

最初のオーストラリア人にとって利用可能な食資源の目新しさは、重要な課題だったに違いない。現生人類が到着した時、オーストラリアは暑く、多くの地域は砂漠環境か季節的な乾燥環境で、陸上には見慣れない動物たちが棲んでいた。植物――その中には適切に処理しないと有毒のものもあった――はそれまで見たこともなく、降雨と川の流れは予測不能だった。動物たちばかりでなく植物群も、そして景観そのものも、最初のオーストラリア人がこれまで得てきていた知識に無いものだった。現生人類がアフリカ、南アジア、レヴァント地方で生存していけるようにした植物と動物についての具体的で詳細な知識のほとんどは、大オーストラリア大陸ではすぐには役立たなかった。

だからそうしたことに関して他の者が言ったことなどの知識の収集は非常に重要だと理解されたことが推測される。そうした知識が重要だったことは、新しい生態系についての鍵になるデータを連絡網を通じて相互交流するために、象徴と壁画が早い時期に発展したことから明白である。今のところ年代を特定することはできないが、ある時点で、オーストラリア先住民は、数千、数万年も次世代に伝えることができ、実際に伝えたように、歌、口頭伝承、象徴的な表現という、この貴重な情報（とそれ以上のもの）を記号化した踊りの体系も発展させた。文字を持たない人々にとって、そうしたシステムは、情報を記録し、蓄積するのに極めて重要な手段であったろう[15]。

海岸部に住むオーストラリア先住民二一部族の口頭伝承の分析を基に、パトリック・ナンとニコラス・リードは、オーストラリアの海岸の洪水の記憶が少なくとも七〇〇〇年間——驚くべき長期間である——は維持されていたと主張する。民俗学者たちによって以前に推定されていたよりはるかに古い記憶である。インドネシアの岩壁画は、最古のオーストラリアの考古遺跡より前に描かれている。アフリカの諸遺跡でオーカーの利用と貝殻、卵殻、骨、歯で作られた装身具の制作と装着も、そうである。象徴と個人的装身具の使用は、しばしば完全に現代人的な認知能力の印とみなされてきた属性の一つである。口頭伝承の成立の年代は岸壁画よりも年代を推定するのが難しいが、そうした口頭伝承はかなりの古さを持っているという幾つもの重要な手がかりがある。口頭伝承の研究者が一般に考えるよりはるかに歴史を過去に遡るほど驚くばかりの長期間にわたって情報は命を持ち得るのだ[16]。

ナンとリードによって強調されたように、記憶と知識は、三つの条件下で存続し続け、記憶される公算が大きい。第一に、知識は他の文化に晒されない比較的孤立した文化で保持される。第二に、情報は伝え続けるのに大きな重要性があるとみなされ、その重要性が若者たちに教える責任を持つ特別の人たちと、次の世代に伝えるための社会的に効果的な、形になった仕組みの形成に至る。海岸部の部族の洪水の説話のような話を学び、教えていくことは、未婚の男たちの役目であり、彼らの能力は義理の母になる可能性のある女たちによって判断される。重要な情報を教えられなかった場合、その若者は、娘の母親に結婚の許しを拒まれた。たとえ娘がすでに若者と婚約していても、である。だからリスクは大きかった。第三に、知識は物理的景観の側面と結びつけられる。それは、オーストラリア先住民の伝統的文化に明らかに当てはまる。私は、この三つの基準に四番目を追加したい。すなわち情報が長期間にわたって記憶され続ける可能性は、それが例えば朗読、説話、歌、踊り、岩壁画といった何重もの媒体で伝えられる時に、強化されるということだ。

知識の記憶と伝承とこれまで見たこともないオーストラリアの食資源を利用するのに必要な情報の手の込んだ両方のシステムは、知識の取得と維持が最初のオーストラリア人にいかに死活的に重要だったかを明確に示している。収集され、体系化され、共有化された新しい知識は、彼らが生き延びていくうえで絶対的に必須だったし、その知識は生きた真実としていつまでも教えられ、さらに次の世代に教えられた。

民族誌の証拠が示すのは、「ドリームタイム」は確固とした規範ではなく、新しい知恵が出されて絶えず進歩していくものだということだ。ディンゴは、倫理的な価値観や行動を教える伝統的な説話に登場する。無文字社会の部族にとって「ドリームタイム」は大オーストラリア大陸に特異的で重要な新しい情報も記録し、保存した。例えば一時的に現れる水源といつも得られる水源双方の場所、などだ。生死に関わる重要情報には、食べられるようになる前に処理が必要な食用になる植物、ある特別の食物はいつ、どこで見つけられるのか、獲物となるその土地の動物をどこで狩猟できるのかといったことが含まれる。(17)

最初のオーストラリア人が植物の詳細な知識を強化したのは、野火のタイミングとその強烈さを理解したことだ。野火は、様々な植物の再生に好ましく、各種動物を引き寄せる生態地帯も創り出す。野火と同じ効果を生み出す火の使用に彼らがいつ気がついたのか特定できないし、年代推定できる花粉サンプルでの木炭の量からも、今のところ明確な答えは何も得られていない。オーストラリア先住民が最初のヨーロッパ人が上陸した時まで——そして実際に今日まで——生き残っていたという単純な事実は、新しい大陸に提示された新しい条件への適応で成功したことを証明している。

最初のヨーロッパ人入植者と違って、最初のオーストラリア人は、生きていくのに必要な補給品を「故郷」から運んでくる船の到着などを決して熱心に待ったりはしなかった。彼らには、広大な土地を耕作するための基礎資材として必要なヒツジやウシ、また種子もなかった。最初のオーストラリア人は、母なる大地に手厚く支えられたからではなく、生態系と利用できる食資源を的確に評価し、重要な情報を他の者たちに伝えたので、生き延びたのだ。その後に侵入してきたヨーロッパ人植民者は、数千、数万年にわたってオーストラリア先住民に集められた生きるのに必要な重要情報を持っていなかったばかりでなく、得た知識を維持し、他の者たちと共有する組織的な手段も持たなかった。

最先端の技術を用いた新しい年代測定により、タスマニアデビルもサイラシンも、オーストラリア本土では三二二七年前（BP）から三一七九年前という非常に短期間で絶滅したことが分かってきた。この年代は、絶滅がほぼ同時に起こったとみなされるべきものだ。さらにこの時期は、オーストラリア本土に較正年代で三二五〇年前頃（BP）にディンゴが現れれていたという最古の記録のまさに直後に当たる。[18]

ディンゴとサイラシンの生態形態学的類似性から考えると、有胎盤類のディンゴの出現によりサイラシンは厳しい生存競争に晒されたのは確実だ。ディンゴのような外来種は、生態系でそれと最も似た役割をしていた在来種、この場合はサイラシンに、予想どおりに圧力となった。そうした遭遇の結果を決める重要な課題は、例えば別の肉食獣が殺した獲物を横取りしようとしているといった、直接に他を邪魔する競争において、どの種が優位を占めるかということだ。似た体サイズ同士なら群れで狩りをする捕食者の方が単独で狩りをする肉食獣より優位を占める傾向はあるが、どちらが優位かは体サイズとしばしば相関する。

メラニー・フィリオス、マシュー・クローザー、マイケル・レトニックは、サイラシンとディンゴの体サイズについて詳細な研究に着手し、サイラシンとディンゴの競争を評価した。その結果三人は、オスのタスマニア島のサイラシンはディンゴより大型だった一方、オスのオーストラリア本土のサイラシンはディンゴとほぼ同じくらいの大きさだったことを見出した。タスマニアであれ本土であれ、どちらの土地でも、メスのサイラシンはオスのサイラシンやディンゴよりもかなり小柄だった。狩りの習性に関しては、ディンゴは血のつながった群れで暮らし、狩りをする。しかしそうした行動は、現存している記録によれば、サイラシンでよりもディンゴでの方が普通に見られた。ディンゴは単位体サイズに比べてサイラシンよりも脳も大きく、高い代謝率も持っていた。このことは、生きていくのにディンゴの方がサイラシンよりもたくさんの肉を食べる必要があったことを意味する。フィリオスらのグループは、サイラシンよりもディンゴの方が「賢くて、腹もすかしていた」と述べている。したがって三人は、本土ではディンゴはサイラシンとの直接の遭遇で優位に立っただろうと説く。体の小さい、メスのサイラシンがディンゴによって優先的に殺されたことも、サイラシンの仔の再生産を圧迫し、絶滅に至らせただろう。ディンゴはタスマニア島には入り込まなかったので、彼らのいなかったことがタスマニア島のオスのサイラシンをディンゴより大型にし、同島で雌雄のサイラシンが二〇世紀初頭まで生き残っていたことを説明してくれるだろう。この説明は魅力的だが、やや憶測的である。[19]

別の論文でフィリオスらは、ディンゴの渡来前と渡来後に人に狩られた獲物についての情報を残す考古遺跡から、時と共に人の狩る獲物は小型になっていったことが実証できることを示した。この現象は、ディンゴが侵入した後に大型の獲物が次第に少なくなっていったことを反映しているように思える。[20]

そしてここで想定されるのは、ディンゴが家犬でない状態か、ある程度は人間と集落に慣れた不完全な家犬としてオーストラリアに侵入しただろうということだ。人類はすでに新しい大陸に十分に適応しており、ディンゴの到来した時までに他の大陸ではなかった挑戦をしていた。ディンゴが来た時はすでに最初のオーストラリア人はここで暮らし、繁栄のためのいくつかの新しい石器と仕組みを創造し、自らの熟知しているテリトリーを異なる生態系へと拡大していた。人にとって狩りの助けとなるイヌ科を必要としていなかったし、ディンゴも効果的に獲物の狩りをするための人の助力を必要としていなかった。事実、ディンゴがここの生態系に入り込むと、大型動物をめぐっての競争が確実に激化した。しかしルーカス・コウングロスとフィリオスによる徹底的な民族誌文献の調べによって、ディンゴが時にはカンガルーやエミューなどの大型動物の狩りをやっていて、獲物を穴や巣、さらには人が身を隠して待ち、獲物を殺すのを容易にした植生の深い区域に追い込んでいたことが明らかになった。もしディンゴやその祖先がオーストラリアに到着するより前にすでに家畜化されていたのだとしたら、オーストラリアに到着後すぐに、ディンゴは野生化したか、家犬時代の習性の一部を失い、なおかつ生態系に著しく影響を及ぼしたのかもしれない。[21]

さらにオーストラリアへの新しい動物の適応に関する別の見通しも、植民地時代に移入された別の有

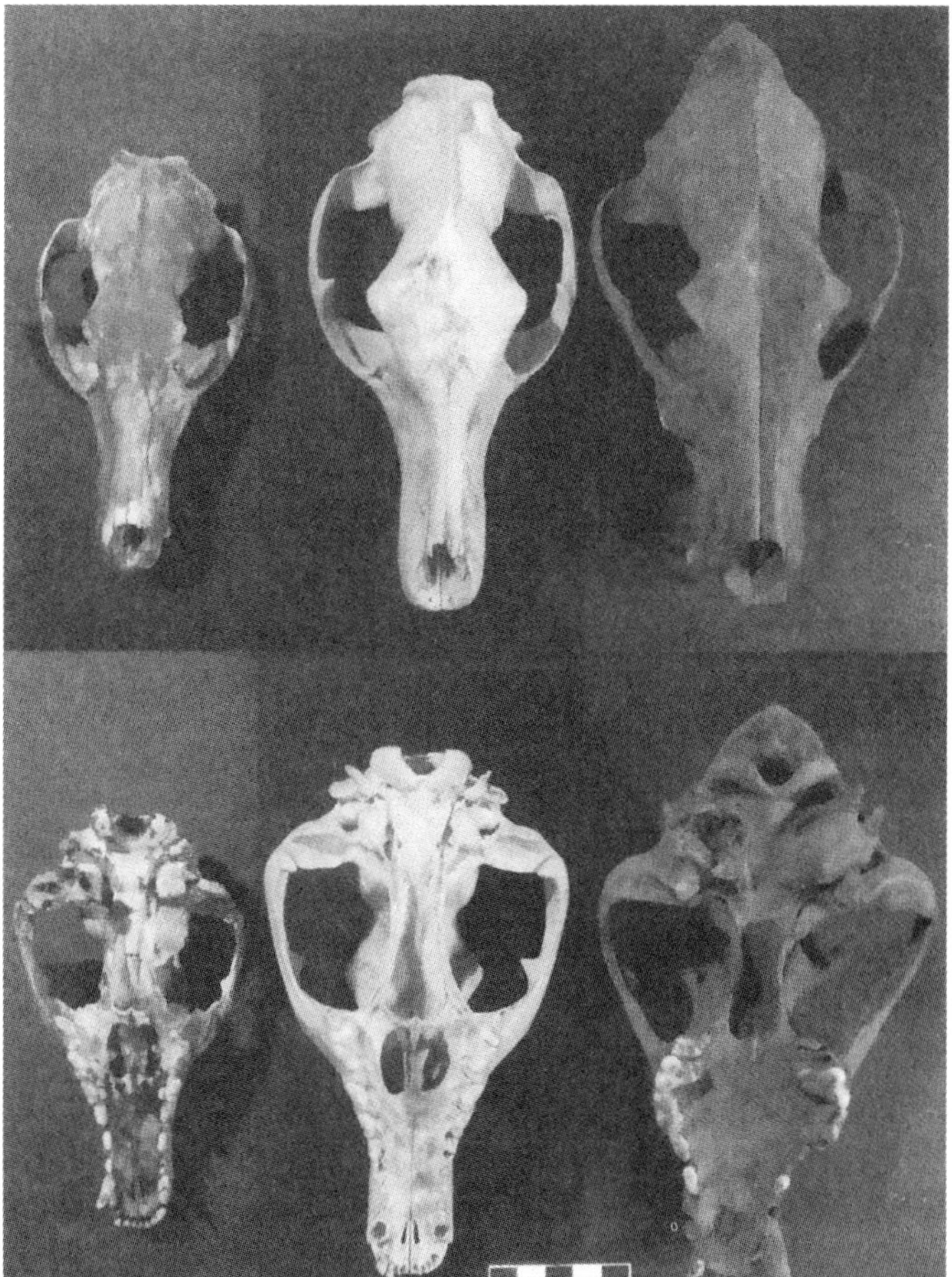

オーストラリアのいまだに解決されない謎の1つは、ディンゴの出現が本土のサイラシンの絶滅に関係しているのかどうかというものだ。この写真は、オーストラリア本土から見つかったメスのサイラシン（左）、オスのサイラシン（中央）、オスのディンゴ（右）の各頭蓋を示す。メスのサイラシンはオスより小さく、本土にいたディンゴはオスのサイラシンと同等かどちらよりも大きかった。研究者の中には、ディンゴが選択的にメスのサイラシンを殺したことが、本土のサイラシンを絶滅に追いやったかもしれないと推定する者もいる。スケールは1センチ。

胎盤類を概観することによって得られる。最も一般的な移入動物を挙げると、ヨーロッパ人はウマ（今では野生馬として原野を駆け回っている）、ウシ、ヒツジ、ラクダ、ネコ、キツネ、ウサギを持ち込んだ。牽引用、耕作用、輸送用、家畜集め用として様々な血統のウマが一七八八年、「最初の植民船団」に乗った移住者と囚人たちに持ち込まれた。後に野生化したウマたちは、頑健で、岩場も転ばずに歩け、アウトバック（奥地）で十分に生き延びている。ウマはまた好ましい環境で速やかに仔を産み、自然の捕食者もおらず、食草を争うウシやヒツジという競合相手もいなかった。ウマの頑丈な蹄は、コケの生える湿地でのように、土壌を踏み固め、劣化させるから、河畔の居住環境を劣化させたかもしれない。現在、野生馬の計画的な間引きが行われており、オーストラリアではかなり物議を醸している。

ウシとヒツジは、家畜として移入された。特に乾燥条件に良く順応する血統のものが選ばれた。彼らは大部分、買い付けられるまでは自分で餌を食べられる駅に待機させられた。ディンゴ進入を防ぐフェンスの外側で草を食べるヒツジの競合相手であるカンガルーやエミューの数を減らす役割を期待されたので、ディンゴの存在は家畜にとって都合がいいとされた証拠もある。オーストラリア固有種ではなかったけれども、ディンゴは植民者に協力する形で、草をめぐってヒツジと競合する他の侵入動物や土着種の数をおそらく調節していたようだ[22]。

家畜のウサギと野生のウサギの両方とも、「最初の植民船団」やその後に引き続いた移民船とともにやって来た。ウサギは、狩りの標的動物になると期待された。ウサギは、移入後に爆発的に増えた。その後、集団で大量死するウサギ疫病が流行り、一八二七年までにタスマニア島で、一八六六年までにはオーストラリア本土で大きな問題となった。ウサギ個体数を調節する様々な手段が試みられた。そうした試みとしては、銃による狩り、毒餌の散布、ウサギ粘液腫ウイルスやその他のウサギに致命的な疾病病原体の意図的な導入、一九〇七年に建設の始まったウサギ排除のフェンスの設置、さらにはウサギを補食するイタチ科のフェレットの導入などがあった。しかしこれらのどの方法も、問題解決には至っていない。

ヒトコブラクダは、乾燥したアウトバック――特に中央、西部の諸州とノーザン・テリトリー――で、砂漠の物資輸送と荷物運搬のために、当時のイギリス領インドとアフガニスタンから導入された。例えばラクダとラクダ調教師は、探検家のバークとウィルズによる奥地遠征を含む各種遠征隊が使うために、インドから特別に移入された。ラクダは、自分で採餌できるように解き放たれた後も、オーストラリアでは良く生き延びている。今では野生ラクダの推定個体数は、一〇〇万頭以上にのぼる。干ばつと野火によってラクダがフェンス、耕作地、水源を破壊するに至った所では、ヘリコプターからの銃撃による間引きがラクダ個体数を調節する目的で行われている。

イヌと同じくネコも、植民地時代にペットとして持ち込まれた。今では数百万頭もの野良猫が景観を自由にうろつき回っている。野良猫は、自分たちよりも小さいオーストラリアの有袋類の多くを絶滅させた主犯だと考えられており、野良猫を減らす努力も続いている。

もう一種の移入された肉食獣であるアカギツネは、同様に小型の有袋類にとって破滅的である。アカギツネは、オーストラリアとタスマニアでキツネ狩りができるように移入された。ただしタスマニア島では、野生化して自立できる個体群を形成できるほど生き延びられなかった。タスマニア島ではタスマニアデビルとの競合のため、アカギツネは衰退したと考えられている。タスマニアデビルをオーストラリア本土に持ち込めばアカギツネの個体数を減らせるかもしれないという希望のもとに、オージーアーク、グローバル・ワイルドライフ・コンサヴェーション、ワイルドアークの手で、二六頭のタスマニアデビルが野生生物保護区に放された。多数のタスマニアデビルを死亡させる原因となる接触伝染性の顔面悪性腫瘍を避けてこの最初のグループが生き延びれば、オーストラリアの自然による規制力を回復する希望をこめ、さらに多くのタスマニアデビルが放されることとだろう。今、アカギツネはオーストラリアの大半にはびこっており、毒餌散布と狩りがアカギツネの個体数を制御するのに用いられている最も有効な方法である。ディンゴのいることが野良猫とアカギツネの個体数を抑えるのに役立っているという証拠はますます大きくなっているが、必ずしも完全にはこれらを調節できていない[23]。

オーストラリアに及ぼしている有胎盤類動物たちのインパクトについてのこの短いレビューの全般的結論としたいのは、彼らが食物を争ったり明らかに捕食することの両方を通して、土着の有袋類動物群にとって有害であることがしばしば証明されているということである。オーストラリアの動物群は、他にはない、厳しい環境に完全に適応しているが、固有種の肉食動物がほとんどおらず、全般的には他の諸大陸よりも種の個体群密度は低いのである。

# 第十四章　もう一つの物語

最初のオーストラリア人はそれと知らずに大オーストラリア大陸に向かったように、彼ら以外の人類集団も、北と東に移動し、中国、チベット、モンゴリア、ロシア、そしてシベリアを経て、最終的にはアメリカ大陸に到達した。ユーラシアの現生人類集団は、古代型人類と、また彼らが競合しなければならなかったはるかにたくさんの、そして多様な肉食動物群と遭遇した。現生人類は、その数万年後に最後の大陸――南北アメリカ大陸――に進出できるようになる前に、氷河時代のユーラシアの寒冷な気候にまず適応しなければならなかった。

現生人類がさらに北方に進出していったことについての情報をもたらす最重要遺跡の一つが、シベリア、「ヤナ川サイの角」遺跡である。そこに人類は、三万三〇〇〇年前頃に住んでいた。遺跡には、多くの石器と人間によって加工された驚くべき獣骨群が残されていた。そうした獣骨群として、骨に埋まったままの石の破片を伴うマンモス骨、幾何学模様の、おそらくは擬人化されたデザインの彫刻で装飾された象牙製容器、骨と歯と象牙で作られたビーズや針、錐、さらには食用として焼かれた大型動物の残骸がある。文化遺物のほとんどは、このような細かいところまでは保存されることが滅多にない素材で作られており、素晴らしい遺物の組み合わせを構成していた。石器は、巧みな技術で両面加工されており、後のクロヴィス尖頭器に典型的に見られる石器製作水準であった。これらの人工遺物は、技術、神話、ベーリンジアへと移動していく人々のシャーマニズム信仰の洗練を示している。

ベーリンジアは、現在のアジア北東端を北アメリカ大陸北西部と連結していた。彼らと同じ集団の子孫が後におそらくは無氷回廊を通って南に移動していったのか、それとも沿岸部の「ケルプ回廊」を経由して南へと移動させるに至る海岸での生活に適応したのかはともかく、「ヤナ川サイの角」遺跡の人々は、厳しいシベリアの環境条件と極北地域の氷河時代動物と植物に完全に順応していた。このような情報の宝庫でありながら、未解決のままになっているのは、「ヤナ川サイの角」遺跡の人々が正確にはどこから来たのか、そしていつ彼らは南北アメリカ大陸に進出していったのか、という問題である。[1]

人類の第三の大陸的大拡散——南北アメリカ大陸への——は、ユーラシア大陸への移住やオーストラリアへの移住よりも、年代的にははるかに遅れた。現在までの証拠から推定されるのは、二万一〇〇〇年前頃にシベリアからの一つ集団が陸橋を越えて、ベーリンジアとして知られる陸塊に移住した。そして多数の研究者たちは、次のように考えている。その集団は、そこに——いわゆるベーリンジアの停滞という状態で——、シベリアからの次の移住集団とは遺伝的に隔離されて、数千年間も過ごした。（ベーリンジアでの彼らの重要な仲間はおそらくハイイロオオカミだったろう。）その後、彼らの一部はベーリンジアからアメリカ大陸に移動し、アメリカ先住民の主要グループを生み出した。このシナリオは、最近の遺伝子研究によって広く支持されている。遺伝子研究によると、アメリカ大陸に進出した人類は二つの大きな集団に分かれたという。一つはヨーロッパ人と接触した時に暮らしていたアメリカ先住民に関係する集団であり、もう一つは明らかにベーリンジアに留まり、大部分はそこで死に絶えた集団である。最初のオーストラリア人と同様に、人類がどのように初めてアメリカ大陸に到達したのか、その

シベリアで最も目を引く遺跡の1つは、「ヤナ川サイの角」遺跡である。極北の気候が、3万3000〜2万8000年前と年代推定される石器、骨器、木器、角器、象牙というおびただしい人工遺物を保存した。これらには、この写真の1つに示されているように、象徴的で、洗練され、高度に装飾された容器が含まれている。

後南北アメリカ大陸全体にどのように拡散したについては、大きな論争がある[2]。

私が大学院生だった時、「クロヴィスが最初」説が一世を風靡していた。このシナリオによると、人類は一万三五〇〇年前頃にベーリンジアを突破し、ローレンタイド氷床とコルディレラ氷床の間の無氷回廊を通って北米を南へと移動し、その後に独特の型式で製作された石器を残していったという。この型式で作られた大型石器の「石器隠し

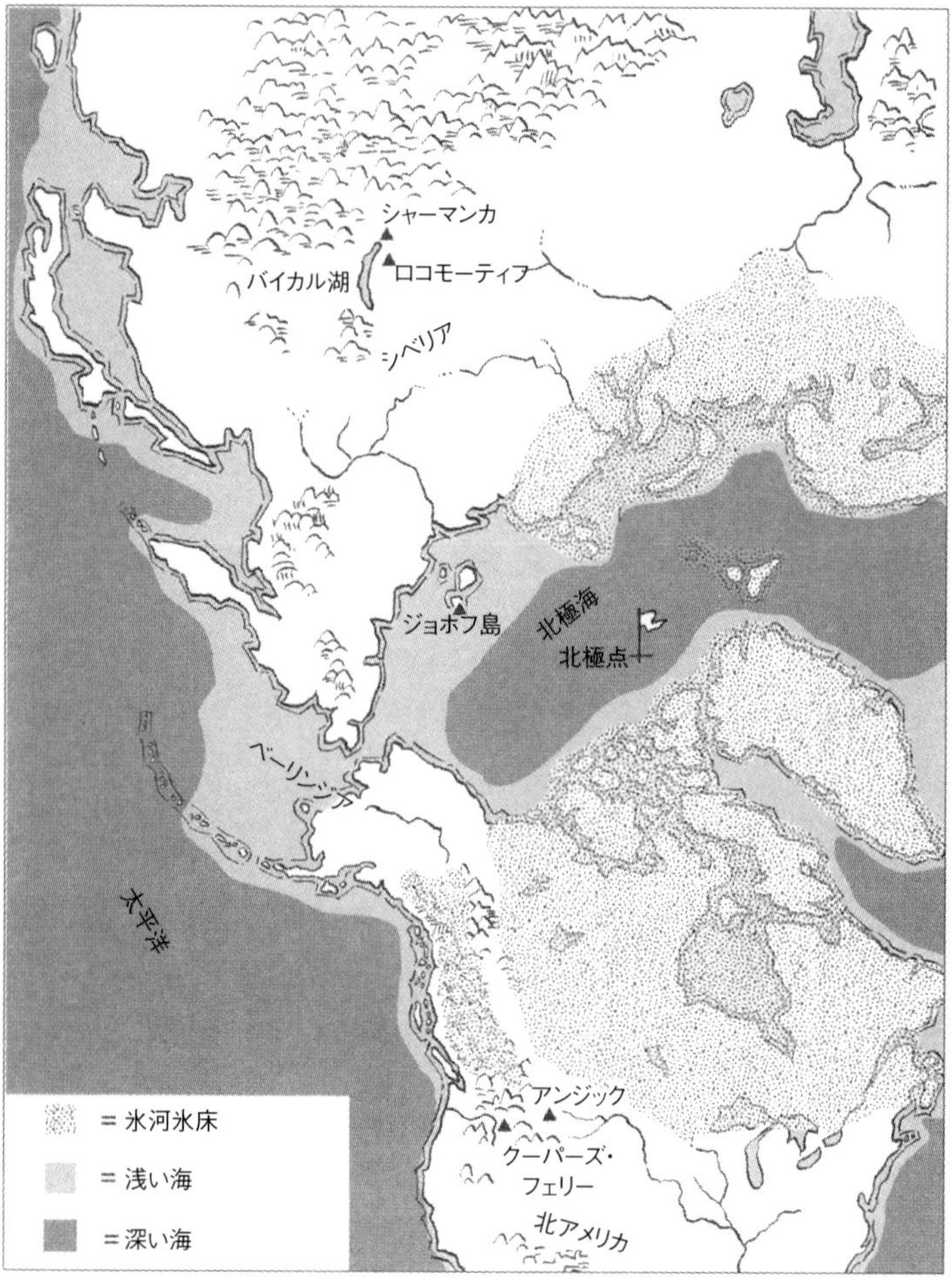


この地図では、一部の重要なシベリアの考古遺跡、北極、ベーリンジア、そしてベーリンジアからの北米のローレンタイド氷床とコルディレラ氷床の間を抜ける無氷回廊を示す。無氷回廊は、1万5000年前頃に開いていた。人類は、北米本土へのルートとして、幅の狭い区域を走るいわゆる「ケルプ回廊」も使用したかもしれない。

場」を特徴付ける印象深い遺跡がニューメキシコ州のクロヴィスで、そこからは石器の他に、マンモスやマストドン、その他の獲物になった大型動物の骨も見つかった。ここから、この人類集団と文化に、この名前が付けられた。

長年、クロヴィス遺跡とそれと同じ文化の遺跡よりも古い、信頼できる遺跡も、別の、より古い型式の石器も、全く発見されなかった。クロヴィス型尖頭器は全く美麗だったけれども、それによって「クロヴィスが最初」であることを疑われることはなかった。これらの石器は、時には特別の石器隠し場と思われる所で見つかるし、あるいはまたマンモスやマストドン、すなわち超大型動物を狩猟したと見られる遺跡に伴う。クロヴィス以前の遺跡が見つかったと主張する考古学者たちはしばしば厳しく批判され、またその主張は深く根を下ろした懐疑で迎えられた。当時の私は、石器製作技術にあまり通暁していなかった学生だったが、それなのに研究歴の長い年長者の意見は独断的に過ぎるのではないかと疑った。だが私は、この疑念の支えとなるデータを何も持っていなかった。一万二五〇〇年前よりも古いという遺跡はあるはずはないという恣意的な判断が下されていたとしたら、たとえ古い遺跡が存在したとしても、誰もそれより古い堆積層を調べてみようとしないから、そうした遺跡は見つかることはないだろうと私には思われた。

一九九七年までのアメリカ考古学を席巻した「クロヴィスが最初」説枠組みの例外的とも言うべき優位性（とそれがもたらす結果）を侮るべきものではなかった。だがこの枠組みは、学者たちによる前例の無い一遺跡の訪問で崩壊した。それは重要な人工の遺物を収蔵する施設ばかりでなく、チリを訪問し、そこのモンテ・ヴェルデを調査する試みだった。モンテ・ヴェルデは、数十年にわたって、ヴァンダー

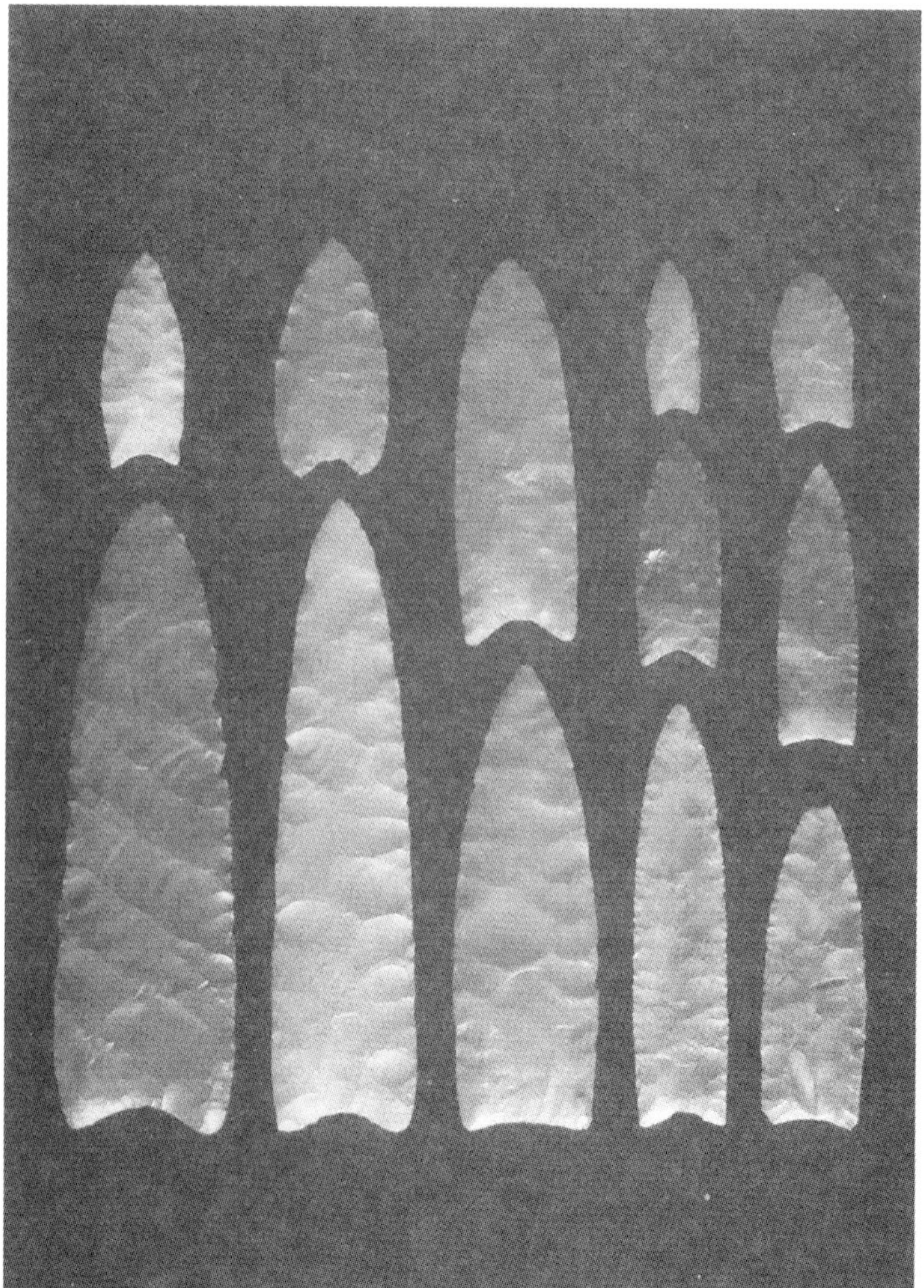

「クロヴィスが最初」説が長く維持された理由の一部は、クロヴィス尖頭器の美麗なことと石器を作るのに用いられた明白な熟練技術であった。

ビルト大学のトム・ディルヘイらのチームによって発掘調査されていた遺跡である。この遺跡には、石器、獣骨、皮、炉、そして植物遺存体が申し分のない状態で保存されていた。遺跡訪問した参加者たちは、パレオインディアン遺跡とその文化の様々な面で研究の専門知識を有するとても尊敬されている学者たちのグループだった。だがそれは、様々な考えの人の混成グループで、その中には「クロヴィスが最初」説の人もいる一方、そうでない研究者もいた。一週間の石器の観察、データと発表物、そして遺跡そのものの検証の後、識者たちに最初に表明されていた意見は変わっていった。モンテ・ヴェルデⅠ遺跡の主区域は、一万四五〇〇年前という確定年代とともに、起源が考古学的である（自然成因ではない）と満場一致で判断されたのだ。三万三〇〇〇年前と年代推定された第二の、さらに深い居住層は、なお不明確と判断された。考古学誌『アメリカン・アンティキティ（*American Antiquity*）』に報告された識者たちの報告は、注目に値する。論文は、次のように結論づけた。

モンテ・ヴェルデ遺跡は、両米大陸への人類の植民という我々の理解にとって、深い意味を持っている。モンテ・ヴェルデがベーリング陸橋の南方約一万六〇〇〇キロに位置していることから考え、ここでの研究の結果は、「クロヴィスが最初」モデルで予測されたよりも新大陸への人類移住について従来とは根本的に異なる歴史を示し、両米大陸で初期人類の適応に興味ある課題を提起するものだ。(3)

言い換えれば遺跡訪問は、懐疑的で尊敬されている識者がモンテ・ヴェルデ遺跡と景観、人工遺物、証拠を評価し、「クロヴィスが最初」の枠組みを覆した、公開された厳しい審査であったのだ。入念な発掘調査、新しい技術、注意深い解釈を基にした承認で、一度、先クロヴィス期の一遺跡が広く認められた時、新大陸の植民についは再考されなければならなかった。皮肉なのは、「クロヴィスが最初」枠組みが誰も行けないほどの南北アメリカ大陸のほとんど南端の遺跡で粉砕されたことだ。(4)

伝統的な仮説では、次のように考えられていた。人類は、ローレンタイド氷床とコルディレラ氷床がつながって後述の無氷回廊が塞がれていた時期を除いて、シベリア極東部からベーリンジアという陸化していた平原を通り、北米に南下する通り道の役割を果たした無氷回廊を歩いて、南北アメリカ大陸にやって来た、というものだ。だがジョン・アーランドソン、ルース・グルーン、クナト・フラッドマークらを含めた何人かの考古学者たちは、シベリアからアメリカ大陸に移住した人類は、しばしば「ケルプ回廊」と呼ばれる沿岸部の細い道をたどったのではないかと提唱した。その回廊は、魚類、甲殻類、海獣のような海産資源が豊かだった。アーランドソンは、こう書いた。「私が考えるには、先クロヴィス期遺跡が非常に少ないのは、重要な意味がある。そのことは、我々考古学者が記録の重要部分を失っているかもしれないということを示唆している。小規模でかなり移動が速い集団の特性によって、一部地域に古い遺跡が乏しいことを説明できるかもしれないが、氷河期後の海水準の上昇とそれによる大陸棚の広大な領域の水没も、大きな問題である」。この仮説を裏付ける遺跡が多くはない理由は、最終氷期最盛期（LGM＝二万六五〇〇年前頃〜一万九〇〇〇年前頃）の後に海水準が上昇したためだ、と彼は説いた。温暖化していた環境は、ベーリンジアを何十メートルもの海水面下に水没させた。遺跡の大半が水面下にある現在、アメリカ大陸に舟を使って移住させたタイミングと細部を示す証拠を伴った遺跡を発見するのは難しい。それは早期現生人類が大オーストラリア大陸に到達した時に取られたルートを

チリのモンテ・ヴェルデ遺跡は、南北アメリカ大陸での真正な先クロヴィス期遺跡だったと考古学者たちに最終的に確信させた。モンテ・ヴェルデで保存された驚くべき人工遺物の中には、それぞれの区画は1つの家族を収容するために使われたと思われる12の区画に分けられたロングハウスの木造の基礎（上）と、住居の木と皮を留めていた木製の杭（下）があった。

調べる問題と、ほとんど同じである。いずれの事例でも、着想を裏付ける論理は、舟とロープの製作技術と航海技術を習得した後の、沿岸の海産資源の信頼性と長距離航海の容易さにかかっている。[5]

今一度言うが、重要な問題は、堅固で、明白な証拠が存在しないことだ。単に現海面上に残されている証拠が何も無いから、南北アメリカ大陸に人類がいつ、どのようにして入っていったかを明らかにする遺跡が乏しいのか？ それとも考古学者が間違った場所で、間違った時代の遺跡を探しているためにそうした遺跡はそこに無いから、見つからないのか？

一部の考古学者は、非常に寒冷だった最終氷期最盛期（氷河時代）の間、ベーリンジア南部はシベリア北部の古代人にとって避難所になっていた、と推定している。一万六〇〇〇年前頃から始まった気候の温暖化までは、さらに南へと移動しようとした人類の眼前に氷床が立ちはだかっていたので、それ以上の南下を阻まれ、南部ベーリンジアに孤立化させられていた人類集団は、そこに数千年間も留まっていたのかもしれない。この隔離の時代（二万年前から一万六〇〇〇年前）のために、この間、外部からの追加的な遺伝子流動はほぼ無かっただろうことは確かであり、アジアでは見つかっていないアメリカ先住民の一部の新規ハプロタイプの発達を可能にした。[6] その後、気候は寒冷度を弱め、氷河は退いた。そのおかげで多くの裸地が現れ、人類は一万五〇〇〇年前頃にアメリカ大陸を南に入って行けるようになった。このいわゆる「ベーリンジア停滞」説は、全アメリカ先住民に見られるわずかな四つの主要な、そして三つのマイナーなミトコンドリアDNAハプロタイプを割り出した遺伝的研究成果に基づいたものだ。ある時に、創始者集団は二つの遺伝的グループ、すなわち基本となる北部グループと南方の分枝とに分かれた。その二つは、古代住民と現生のアメリカ先住民の両方に知られるすべての遺伝的多様性を包含している。全体として少数のハプロタイプは、アメリカ先住民集団の創始者の個体数が最初は少なかったことを推定させる。

二〇一三年、一万一五〇〇年前頃と年代推定された「アップワード・ライジング・サン（URS）」というアラスカ西部の一遺跡での発見は、こうした課題の一部を明確にした。遺跡の推定年代は、ここに住んだ人間たちは「ベーリンジア停滞」を生き延びていた一部を含んだ集団に属し、一部は氷床の南方の北米に進出した最初の人類だったのかもしれないことを推定させる。（URS1とURS2として知られる）アップワード・ライジング・サン遺跡で発掘された二体の幼児遺体は、二体とも女児で、一体は生後約六週間、もう一体は胎児後期であることを示したサンプルとなった。二体とも円形の炉、もしくは坑の中に角器と骨器とともに一緒に、そして赤色のオーカーをふりまかれて丹念に埋葬されていた。発見者であるアラスカ大学フェアバンクス校のベン・ポッターたちは、年下の子よりも年上の幼女から汚染されていない遺伝子試料を回収できた。二体とも一緒に儀式を行われたうえで埋葬されたが、女児たちは姉妹ではなかった。それぞれの女児は、それぞれの母親から受け継いだ独特なミトコンドリアDNAを持っていたのだ。二体の女児は、現代アメリカ先住民すべてにつながる主要ハプロタイプの二つを備えていた。また年上の女児は、アメリカ先住民の北の分枝から受け継いだ基本的なミトコンドリアDNAを持っていた。(7)

南北アメリカ大陸への人類の植民は、厄介な物語である。ベーリンジアにいた人々の一部はシベリアに戻り、古代パレオシベリアンと呼ばれるグループになったが、なお別のグループはさらに東方に移動して北米に至り、「最初のアメリカ人」と呼ばれる集団になった。彼ら最初のアメリカ人の遺骸の化石は、これまでほとんど見つかっていない。そして複雑でこんがらがったストーリーを語ることになる。南北アメリカ大陸で現在までに見つかっている最古の人類遺体には、九〇〇〇年前と年代推定されたケネウィック人がいる。そして大腿骨二点がカリフォルニア州南部のサンタ・ローザ島で見つかったサンタ・ローザ女性は、一万三〇〇〇年前頃に生きていた。さらにモンタナ州の墓で発見された、一万二七〇七年前〜一万二五五六年前と年代測定されているアンジック・ボーイもあるし、墓からは一〇〇点以上の石器と角器も見つかった。もっと新しい人類になるとそうでもないが、これら最古のアメリカ人にはどれ一つとしてイヌ科動物が伴っていなかった。彼らは、ほとんどのイヌを後に残してきたのか？　それではなぜ？　それに答えるのは難しい。

二〇二〇年末、アネルス・ベルグストレームらのチームは、先史時代のイヌとそれらが人（とイヌ科動物）の移住について明らかにするかもしれないことについて論文を発表した。チームは、ヨーロッパ、中東、北米、大オーストラリア大陸、アジア、シベリアから発掘された、年代にして一万一〇〇〇年前頃から一〇〇〇年前の範囲の、先史時代のイヌ二七例のゲノムの塩基を配列した。目的は、これらのイヌとそれを飼っていた人類集団との関係を調べるためである。その研究ですべてのイヌは、家畜化されて以降、現代のオオカミからの遺伝子の伝達をほとんど受けず、古代のオオカミの共通祖先を共有していることが確かめられた。

一万一〇〇〇年前までに、五つの主要なイヌの系統が確立されていた。おそらくは家畜化のケースが別々だったのではなく、イヌの内部で早期に多様化が起こったことを示しているのだろう。一つの系統は、レヴァント地方のイヌのもので、アフリカ産のイヌでも見出されている。別の一系統は、フィンランド、ロシア、スウェーデン、旧ソビエトのヨーロッパ極北部（カレリア地方）に由来する。シベリアのバイカル湖周辺地域出土の中石器時代集団のものも、一系統を成していた。さらに一系統は古代アメリカのものであり、五番目の系統には、ニューギニア・シンギング・ドッグとオーストラリアのディンゴを包含していた。この二つは、他のどの系統よりも非交雑の東南アジア犬と近かった。これらのイヌ科のゲノムは、古代のイヌと年代、地位的な位置、文化的背景と合致する、一七セットのヒトのゲノム規模のデータと相互分析された。研究者たちは、イヌとヒトの間の遺伝的関係を直接に比較した。(8)

研究チームは、イヌとヒトの個体群での進化的変化が互いに良く似通った一組みと、両個体群を分断するそれとは別の事例とを見出した。例えば澱粉消化を促進するAMY2B遺伝子コピーの数の増加は、農耕の開始以後の多数のイヌで見られる。これは、人間よるイヌの給餌の変化を反映している。同時にそれと並行し、ヒトはやはり澱粉消化を助けるAMY1遺伝子のコピー数も増加させていた。ただしAMY1遺伝子の増加は、農耕と必ずしも明確に関連づけられるわけではない。AMY2B遺伝子のわずか二つのコピーの祖型状態が、オオカミ、ディンゴ、そしてつい最近に再発見されたハイランド・ワイルド・ドッグを含むニューギニア・シンギング・ドッグに維持されている。しかし別の極北のイヌであるカレリア・ベア・ドッグ——およそ九六〇〇年〜八五〇〇年前のもの——は、すでに四つのAMY2B遺伝子を持っていた。したがってそれは、農耕が旧大陸全体に拡大する以前に、澱粉食を食べることの適応だったのだろう。(9)

# 第十五章　北へ向けて

ベーリンジアに居た一部の集団がアメリカ大陸へと移住して行った間、すでに特別な役割を果たすようになっていたイヌを連れた別の集団は、シベリアをさらに北へと移住し続けた。このイヌたちは、おそらく計画的な育種によって繁殖させられていただろう。これらの極北のイヌは実際、非常に特殊だった。これに匹敵する特殊化は、古いアメリカのイヌには見られない。

「ヤナ川サイの角」遺跡で明確化になった狩猟・採集・漁労の暮らし方に加え、イヌの物語のもう一つの重要部分と彼らの極北への驚くべき適応が、今のロシア連邦の、東のザバイカル地域とバイカル湖の西のシスバイカルで起こった。ザバイカル地域ではたくさんの考古学調査がなされていたが、にもかかわらずその報告は、英語使用者にはほとんどアクセスできない地元のロシア語出版物で発表されているに過ぎない。アルバータ大学のロバート・ロージーらは、多年にわたって世界のこの地域で研究を重ね、その資料の要約紹介とロシア外の読者のための研究のアクセスを広げる作業を始めた。それらの論文の結論は、驚くべきものだった[1]。

シスバイカルを特徴付けるのは、大型の人間の墓地に営まれた二例のイヌの墓である。例えばシャーマンカII墓地には、一五四人の遺体を葬った九六基の墓がある。墓の中には、イヌ科動物の遺骸を含むものもあり、その最古のイヌ科は八〇〇〇年前に近い。多数のイヌの大きさは、シベリアン・ハスキー犬かチャウ・チャウにだいたい同じで、肩高は約六〇センチだった。何頭かのイヌには、ケガの治った痕が認められた。このことは、人間がケガをしたイヌを世話をしたことを推定させる。物の運搬のためにイヌを酷使したからなのか、事故のためか、あるいは人が罰を与えたためなのか、ともかくも世話が必要だった。これらの墓は、この地域での人間とイヌとの関わりを示す最古の印の一つである。

イヌは人も葬られた墓に埋葬されていたけれども、人の葬られていない墓に埋葬されたイヌは一頭も無かった。シャーマンカII墓地のイヌは、五人の人の埋葬された墓で見つかった。ただ人の遺体は、後で追葬されたものかもしれない。墓の再利用の風習があったからだ。イヌは、墓の最初に埋葬された遺体だったように思われる。イヌは、生前に肋骨を何本か骨折し、椎骨に外傷を負っていたものもある。つまり、荷役用の動物としての役割を負っていたか、人が罰した痕かなのだろう。

もう一つ、シャーマンカIIに似た墓地のロコモーティフ墓地には、狩猟・採集・漁労民のおびただしい墓が営まれていた。シスバイカルのこれらの墓地やその他の墓地のイヌ科の埋葬処置は、かなり変化に富む。一部の個々のイヌ科は、人と共に埋葬された墓のように副葬品と一緒に葬られていた。これらの副葬品として個人的装身具がある。それらには、ネックレスや装飾品のように首から吊り下げられるように歯根に開けられた穴を持つ動物の歯で作られた品を含んでいる。また角、石、骨で作られた家庭用品なども、副葬品に入っていた。時には細い骨針を入れる針ケースも、墓に納められていた。骨針は特別な品である。骨針は、皮から防寒用の服を縫製するのに不可欠だったからだ。骨針は、中空の鳥骨から作られた針ケースで保護されていた時もあった。また時には、オーカーが遺体に振りまかれていたこともある。一部の墓には副葬品が無かったが、一方最大で三〇〇点もの品が副葬された墓もあった。

一般に、墓には一体から四体の、男性、女性、子どもから成る最高八体もの遺体が埋葬されたようだ。しかし大まかに見て人の遺体の四分の一には、頭蓋、顎、上部椎骨が見られない状態で埋葬されていた。頭蓋部分は、埋葬前に意図的に取り除かれていたように見えるが、見つけられなかった。[2]

あるロコモーティフの墓から、格別に珍しい発見があった。その墓には、体の大きい、老齢のオスのオオカミが納められ、完全な骨格で単独で自分の墓に埋葬されていた。オオカミであったとは、なんと目を引く個体だろう！　全身の揃ったオオカミが埋葬された例はほとんど無いので、このロコモーティフのオオカミは、特に興味深いものだ。まだ関節しているこの骨格は、頭部を南に向けて卵形の墓壙《ぼこう》に埋められていた。脚はいくぶんか曲げられ、そして驚くべきことにその胸郭と脚の間に、成人男性骨格のうちの頭蓋、下顎、第一と第二の胸椎二点が置かれていた。この墓地に埋葬された百二十四個体の中で、この他に遊離した人の頭蓋は全く見つからなかった。頭蓋は、オオカミと同時期に埋葬されたのだと思われる。オオカミの骨の一部を試料に直接、放射性炭素年代を測定すると、（統計的には同年代の）七三二〇年前±七〇年と七二三〇年前±四〇年の年代が得られた。オオカミの脚の間に人の頭蓋が置かれていたことは、このオオカミが死後の人間を守っていたことを意味するのかもしれないと推定させるのだが、この推測を確証する方法も否定する手立ても無い。人とオオカミは、同じ一つの出来事で同時に死んだのかもしれないが、死の原因は不明である。

人の下顎骨（頭蓋と同一個体のものではない）一点、腓骨一点、散乱した肋骨破片数点と指骨が、オオカミの墓の端近くで見つけられた。この時代、シベリアの墓地では墓の再利用は普通だったから、一見した限りこれらの乱雑な骨の有り様は、ずっと以前の墓のものが紛れ込んだと解釈される。墓が再利用され、以前の墓のものらしい骨が後の埋葬のものとそれと気づかずにしばしばごちゃ混ぜにされたので、アンジェラ・ペリーが何カ所ものイヌの大型墓地を比較することで開発した型式学方法で明確にされたようには、イヌ科動物のどれが実際には単独葬で分離された埋葬だったのかを決めるのは難しい。多くの点で、イヌの埋葬は、同一の墓地における人の埋葬のやり方と類似している(3)。

ロコモーティフ墓地のオスのオオカミそのものも、恐ろしくなるほどだった。頭蓋の長さは二六六ミリもあり、シャーマンカII墓地のイヌの頭蓋長二一六ミリと比べると、非常に大きかった。このオオカミの推定肩高は七四～七九センチもあり、シャーマンカのイヌの推定肩高五九～六二センチよりも、これまたはるかに大きかった。オオカミは、完全な成体で、歯は著しく摩耗し、そのうちの二、三本は生前に抜けていたか、割れるかしていた。それらの歯槽は、骨で塞がっていた。この個体の死亡時の推定年齢は九歳余りだったので、野生オオカミの大半の寿命の二倍近くも生きたことになる。遺伝的には、ロコモーティフのオオカミは、これ以前に発表されていたオオカミのハプロタイプのどれとも合致しないハプロタイプを持っていたが、それはアジアとユーラシア産のオオカミのミトコンドリアDNAと極めて良く似ていた。このオオカミの骨の安定同位体を分析したところ、ロコモーティフ、そしてシャーマンカのイヌと埋葬された人と異なり、ほとんどがシカ、エルク、その他の有蹄類を食べていたことが分かった。人とシャーマンカのイヌは、もっと魚やその他の水産物に依存していたのだ。したがって副葬品と人の頭蓋以外に、ロコモーティフのオオカミが人間と一緒に住んでいた証拠は無いし、人間と親しい関係にあった印も無い。ではなぜこのオオカミは埋葬されたのか？　分からない。だが、このような大きくて年取ったオオカミがその土地で有名で、その狩りの腕前を賞賛されていたと想像するのは容

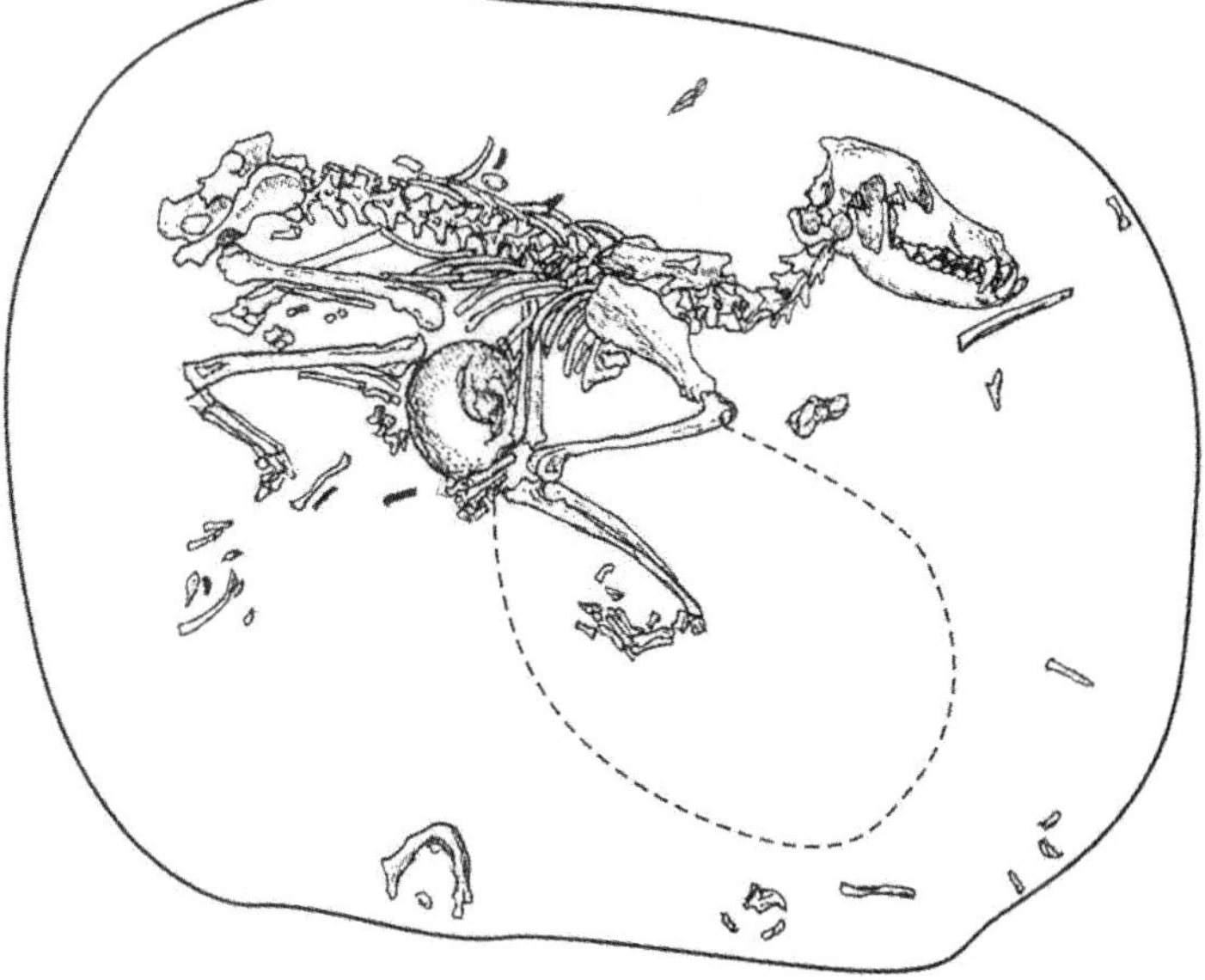

ロコモーティフはシベリア、シスバイカル地域の重要な遺跡である。年代は、7000年以上前になる。同遺跡には、124体の人の遺体を葬る墓地があり、しばしば墓には複数の遺体が葬られ、また墓も再利用がされていた。最も目立つ墓は、大柄の、年取った、完全な骨格のオスのオオカミの墓で、右の前肢の正面を含めて卵形に（点線で囲った領域）オーカーが振りまかれていた。関節したオオカミの四肢の間、胸郭の近くに、人の頭蓋と顎骨各1点と数点の椎骨があった。前記の埋葬から隣接して数点の散乱した骨があるが、前記の埋葬とは関係はない。

易だ。

一般にオオカミは、崇敬されてはいなかった。どことなく似た墓が、コートロクにある。その墓には、遺伝的にロシアのオオカミに一致する数点の骨の破片――だが全身骨格はない――が含まれていた。

たくさんのイヌ科動物の成体の完全な頭蓋と数点の頭蓋の部分骨と破片が、シスバイカルの墓地で発掘された。ほとんどの体サイズは、シャーマンカの頭蓋部分骨のように、現生のシベリアン・ハスキー犬と似ていると推定されているが、ロコモーティフのオオカミのように大きな個体は、近くにはどこにもない。ある墓から出た破片群の中に、頭蓋の最大長が他のものよりも短い一頭のイヌの頭蓋があるが、それは若齢個体である。その頭蓋には穴が一つ開いていて、骨盤も損傷していた。その両方とも一部が、死ぬ前までに治癒していた。このイヌが人に治療されていた証拠である。これらのイヌは、遺伝的にはクレイドI（もしくはA）に分類された（第六章参照）。

北方土着民族の民族誌とコスモロジーは、人ばかりでなく、強い動物や景観、植物、その他の存在にも魂が吹き込まれているとみなされていたことを強調する。死の時に、魂が吹きこまれた存在に対して適切で尊敬の念を込めた扱いをすることは、新たな人間への魂の再生を確実にできる。不当な扱いは、そうした再生を遅らせるか、妨害することがあり得るとされる。クマは、遺体が保存される中では最も目立つものだった。アイヴァー・ポールセンによれば、頭蓋は動物全体やクマ全体を代表するためにしばしば用いられた。大地（ラップランドで最も普通）や、基壇上、さらに樹上（シベリアでは通常）で埋葬されることもあり、あるいは何らかの覆いをかけるか覆い無しで地上に置くだけという第三の葬送方法もある。水棲動物は、水中に沈めることで「埋葬」された。地上の土壙中に人やイヌ科動物を埋葬する風習は、八〇〇〇年前頃から六八〇〇年前、あるいはそのやや後までのバイカル地域で死者に対する普通の処置だった。その後、人とイヌの両者の公式の埋葬は約一〇〇〇年間、途絶えた。人の埋葬は五〇〇〇年前頃に再び始められたが、イヌの埋葬が再開されることはなかった。三四〇〇年前頃、ヒツジ、ヤギ、ウシ、ウマを連れた遊牧民がこの地域に移動してきた。イヌがもはや狩りに役立たなくなっていたから、イヌはもう埋葬されることはなかったのだろうか？　それとも単なる文化的違いなのか？

バイカル湖の反対側であるザバイカル地方の墓地は、いくぶん興味深いひねりをきかせた似た物語を教えてくれる。ザバイカルは、広大な領域である。全体でヨーロッパの一つひとつの国のどこよりも広い地域を占めている。南端はモンゴリアと中国に接する一方、北の境界はタイガとステップが覆う山がちのパトム高原と北バイカル高原にある。西の境界が、バイカル湖である。

いくつかの点が、バイカル湖周辺の墓地とその出土物から明らかになった。まず第一に、イヌは人々と共に普通に暮らしていて、少なくとも一部の例では明らかに手の込んだ埋葬と呼ばれるにふさわしい扱いで葬られた。しかし人が埋葬されていないと、イヌ科も埋葬されることはなかった。

第二にバイカル湖地域の人々は、動物の狩りと淡水産資源の両方に依存していた。彼らの遺骸の骨の元素組成は、イヌのものと似ていたことが示された。ロコモーティフのオオカミはその土地の住民とはかなり異なる食性であって、たくさんの陸棲動物を食べ、水産物はほとんど食べなかったのに、上記のことは、イヌは人から食物を与えられていたことを物語っていた。明らかにオオカミとイヌは、この時点で、もう同じ種類の動物ではなくなっていたのだ。

第三に、シスバイカル地域とザバイカル地域に住んでいた人々は、かつての人々とはもはや同じではなくなっていた。八〇〇〇年前頃に新しい集団が移動してきて、新しい葬送儀礼を持ち込んだのか、それとも葬送儀礼が進化したのか、あるいは埋葬地が移動し、その場所をまだ突き止められていないかのどちらかだ。その数千年後には事態がまた変わり、人もイヌも埋葬されなくなった。

最後に三四〇〇年前に、死者の扱いについて新しい伝統を備えた遊牧民がこの地域に移動してきた。狩見たところイヌは、日常的な親しい関わりを持つ動物として、もはや人と交流することはなかった。狩りと漁労が動物蛋白の大半を供給した時にイヌがそれらを与えられていた時代とは異なっていたし、人のすぐそばに埋葬されることもなくなった。バイカル湖周辺の遺跡で見られるのは、イヌをどう扱うかは、人との交流の密接度と死後について人々が抱く見方次第だということだ。

死後についての人々の見方を見事なほどに垣間見せてくれる注目すべき考古遺跡が、北東シベリアのジョホフ島の遺跡である。この遺跡から、魅力的な遺物がたくさん見つかっているが、興味をそそられる疑問が多数あっても、ほとんど明確な答えを与えてくれない。ここではまたしても、イヌは人の生存に重要な役割を果たしていたようである。ジョホフ遺跡は、人の居住と独自の生業戦略の証拠を備えた既知の遺跡で最も北方に位置するものの一つである。今では小さな島だが、かつては今のニューシベリア諸島の海域を覆う巨大な沿岸低地の一部だった。ジョホフ島で保存されている遺跡の興味深い時期は、約九五〇〇~八〇〇〇年前（較正年代）である。サンクトペテルブルクのロシア科学アカデミーから派遣されたヴラジーミル・ピトゥルコの調査隊は、一九九八年~一九九九年にジョホフ島で発掘調査を開始した。そして二〇〇〇年~二〇一二年に、アメリカのシベリア文化の専門家であるエドムンド・カーペンター、さらにスミソニアン研究所から参加した科学者たちと組んだ学際的な共同研究チームとして発掘を再開した。(4)

およそ二万五〇〇〇点もの化石標本（トナカイとホッキョクグマの骨が圧倒的だった）と一万九〇〇〇点の石器標本が遺跡から回収された。石器の多くは、ここから一五〇〇キロ離れた産地から運ばれてきた黒曜石製であった。この事実は、極北高緯度では維持するのが容易ではなかったはずの長距離交易網の存在を暗示する。角、マンモスの牙、骨から、三〇〇点以上の人工品が作られていた。およそ一〇〇〇点の遺物は木製で、わずかな編み物とシラカバ樹皮製の人工品もあった。極寒の環境が、人工の遺物を良好に保存したのだ。本来なら、朽ち果てていた物も保存された。

この豊かな証拠からピトゥルコらの調査隊は、ジョホフ島古代人は冬季に巣穴を見つけて、冬眠中のホッキョクグマを狩猟していたと推定した。巣穴は、基本的には雪洞だった。どのようにしてホッキョクグマは狩られたかに関してピトゥルコの復元は、途方もないものだった。イヌが嗅覚を使い、ハンターが巣穴を見つけるのを手伝った。巣穴の一部は(仔を産む)母クマの巣穴で、一部はクマが単に冬眠する巣穴であった。狩人は雪で雪洞の入り口をふさぎ、イヌをけしかけて成体のホッキョクグマを巣穴の奥に追い込み、雪洞の屋根から首を突き出させる。雪が十分に深ければ、ホッキョクグマはすぐには屋根から這い出られない。吠え立てるイヌをさらにけしかけ、クマの頭を雪洞上の小さな穴から突き出させ、危険が無いかどうかチェックする。待ち受ける狩人は、遠くからクマの頭に投げ槍か矢を射かけて殺すことができる。クマの頭蓋には、それと分かる独特な損傷が残るのだ。もし巣穴に仔グマがいれば、巣穴で捕まえ、ほとんど危険無しで殺せる。この狩猟戦略の重要な側面は、力が強く、敏捷なホッキョクグマを大なり小なり巣穴の大きさと形の枠にはめるられることだ。そうでなければ自由に動けるホッキョクグマは、非常に大型なので、狩人もイヌも襲われる可能性があるからだ。

トナカイは回遊性で冬季には比較的に少ないので、ホッキョクグマは生死を分ける重要な代替食料であった。しかし誰もホッキョクグマ狩りが楽な仕事だとは言わないだろう。春になると、ジョホフ島古代人は優先的にトナカイを狩猟した。特にトナカイの仔の狩りを好んだ。仔は成体の大きさ近くになるのに一年で十分だが、親よりも肉が柔らかく、味が良かった。しかしほとんどのトナカイは、秋に殺された。秋のトナカイは、冬に備えて比較的に脂肪がのっていたからだ。収集された骨がどれくらいの個体数を代表していたのかを計算すると、トナカイ（二四五個体）はホッキョクグマ（一三〇個体）のおよそ二倍も殺されていた。一個体当たり、ホッキョクグマはトナカイの三倍もの肉を狩人に提供した。しかしホッキョクグマは、トナカイよりもはるかに危険でもあった。明らかにトナカイはホッキョクグマより美味であったし、様々な道具の製作にしばしば使われる角も得られた。獲物の両方とも、解体はキルサイト（獲物の解体場所）で行われ、肉や骨髄の豊富な好ましい部分を含む骨付き肉塊だけが野営地に持ち帰られた。

ピトゥルコらの調査隊が自信をもってイヌだと同定したイヌ科動物は、同定可能な動物遺体（一五一標本）の約〇・五％を構成するだけだが、狩りと、人間たちが極北高緯度に一年のほとんどを暮らせる生業戦略に彼らは主要な役割を果たしていた。冬季にホッキョクグマを成功裏に狩猟できなければ、この地域で生きていくことはまず不可能だっただろう。そしてイヌがいなければ、ホッキョクグマ狩りは極度に危険な仕事であっただろう。

現代のハスキー犬やマラミュート犬の大きさのイヌの遺骸と、高度な橇《そり》の一部分であった数点の遺物（滑走部、支柱、引き具からのトグルの一部のような遺物）が遺跡から確認された。ジョホフ島遺跡での発掘前は、犬橇は一〇〇〇年前頃にやっと始まったイヌイット文化の象徴的部分とみなされていた。だがジョホフ島で発見された遺物――永久凍土によって良好に保存されていた――は、この考えと矛盾する。それは、高度な犬橇輸送は従来考えてられていたよりも七〇〇〇年も早く用いられていたことを示した。そして犬橇は、ジョホフ島古代人が維持していた長距離交易網にもおそらくは不可欠だったのだ。

ジョホフ島のイヌは、明確に二種の体サイズに分かれた。遺跡からほぼ完全な、明らかに異なる二種類のイヌ科頭蓋が出土していたのだ。頭蓋以外の遺骸には、下顎、数点の椎骨、おそらくは一三個体分の各種四肢骨が含まれる。化石標本のミトコンドリアDNAの制御領域（control region）の分析の結果、ジョホフ島のイヌは、クレイドA（すなわちI）のユーラシアのイヌでよく知られているハプロタイプを持っていることが分かった。ジョホフ島出土のイヌ科動物は、オオカミではない。ピトゥルコは、ジョホフ島イヌ科の頭蓋の様々な計測値を、オオカミとイヌとのプロポーションの違いを取り込んだインデックスに変換した。用いたサンプルは、シベリア東部で一〇〇年前に集められていた三二個体の橇イヌと、参考として二四個体のシベリアのオオカミであった。二個のジョホフ島産頭蓋の一つは、疑いようもなく橇イヌのグループに入る一方、もう一つは前者よりもオオカミのクラスターに近かったが、同一グループには入らなかった。

橇イヌの体サイズと体重は、ジョホフ島遺骸の頭蓋以外の骨と歯から計算された。より大きな頭蓋は、体重三〇キログラムのイヌに由来したと推計された。この数値は、橇イヌが橇を引くのに必要な力を持つことができ、それでも走行と荷の牽引で上昇する体温を効率的に放散できる大きさの上限に達していた。ジョホフ島のイヌ科のうちの一〇個体の体重は、一六～二五キログラムと推計された。この数値は、橇イヌとしての現代の品種の標準に一致する。ジョホフ島の大きな方のイヌは、現代のマラミュート犬、つまりグリーンランドの橇イヌの大きさである。また小さい方のイヌたちの大きさは、現代のシベリアン・ハスキー犬と合致する。ピトゥルコは、大きな方のイヌはホッキョクグマの狩りとその巣穴の探索に使われた一方、小さい方のイヌたちはキルサイトから野営地に運ばれた獲物の骨付き肉塊を載せた橇を引くのに使役された、と考えている。

最後にピトゥルコらは、イヌの頭蓋が身体の他の部分から注意深く取り除かれていたことに注目している。切り傷が、骨にわずかに残されていただけだ。トナカイやクマの頭蓋には、例えば舌、脳、咀嚼筋といった軟部組織を切り取ったり、齧ったりすることで予測される、それなりの損傷もなかった。ピトゥルコらは、この行動とホッキョクグマとトナカイの解体処理との違いは、イヌに関するある種の祭祀なり信仰なりに関係があるのかもしれないと推定するが、実際どうだったかは明らかではない。はっきりしているのは、ジョホフ島の良好に保存された遺物のまとまりが約八〇〇〇年前に特殊な仕事をさせるために計画的なイヌの繁殖を行っていたという考古学者たちの知識と証拠を転換させたことだ。こうした仕事のおかげで、高緯度極北の古代人は、イヌと共に大型で獰猛なホッキョクグマのみならずトナカイも狩猟し、生活できたのである。ジョホフ島の標本の素晴らしい保存状況は、この驚くべき、かつ詳細な復元ばかりでなく、過酷な居住環境での持続可能な生業戦略の存在を明らかにできた。しかし北極での暮らし方へのさらなる順応は、もっと新しい時代までこれらのイヌでは発展しない。

一般的には人は、六〇〇〇年前頃にアラスカ北部、カナダ、グリーンランドに初めて居住した。だが彼らがすべて同一文化集団のメンバーだったわけではない。極北アメリカの人とイヌの歴史は、複雑である。最古の文化は、前期パレオ・エスキモー文化（プレ・ドーセット文化／サカク文化）として知られる。その後に後期パレオ・エスキモー文化（前期ドーセット文化、中期ドーセット文化、後期ドーセット文化）が続き、チューレ文化がそれに続く。プレ・ドーセット文化人たちは極北カナダ東部に住んでいた（較正年で紀元前三二〇〇年頃〜前八五〇年）。その後のドーセット文化は、前期（紀元前五〇〇年〜前一年）、中期（紀元後一年〜紀元五〇〇年）、後期（紀元五〇〇年〜同一〇〇〇年）、終末期（紀元一〇〇〇年以降）と区分される。チューレ文化人は、シベリアからグリーンランドまでイヌを連れて急速に東方に拡大した、紀元一〇〇〇年頃に始まるイヌイットの祖先の文化で、特筆に値するのは、主に海上を移動できるウミアックとカヤックの発明であり、氷上や雪上を物を運ぶ優れた橇技術であった。この拡散は、強力なジョホフ犬の遺伝子の東方への、そしてグリーンランドの橇イヌへの拡大であったかもしれない。グリーンランドでは、今なお橇イヌが物を運んでいるのだ。(5)

現在のグリーンランドの橇イヌとジョホフ島のイヌは、橇イヌとして有用な多数の遺伝的適応を共有している。驚くことではないがこのグループは、大半の現生のイヌが多数のコピーを持っている、澱粉消化を助けるAMY2B遺伝子のコピーをごく少ししか持っていなかった。極北の諸民族は、歴史的に澱粉食を摂取する機会がほとんど無かったので、これは予測されたことである。しかし、オオカミで高頻度で見られるが、ほとんどのイヌでは見られないMGAMハプロタイプも、このサンプルではまず無い。ジョホフ島のイヌとグリーンランドの橇イヌとのこれ以外の遺伝的類似性は、寒さと長時間にわたる重労働の間に筋肉収縮のための適切な酸素取り込みを維持できるようになることへの適応である。しかし現生の橇イヌは、脂肪酸の高い摂取量と血液からのコレステロール除去への適応も見せている。ジョホフ島のイヌには見られない脂肪摂取の準備と推定される適応である。脂肪酸の高い食物に対する同様の適応は、イヌイットとそれ以外の極北地方東部に移住した人類集団にも報告されている。そうした中には、過去数千年も住んでいたグリーンランドの現生橇イヌもいる。

北半球北端をイヌイットが拡散していったよりもはるか古い二万年前頃、ベーリンジアのハイイロオオカミは北半球北端を同じように東方に拡散していた。しかしベーリンジアのハイイロオオカミは、グリーンランドの橇イヌに遺伝的にはほとんど寄与しなかった。そして彼らグリーンランドの橇イヌは、他の橇イヌのグループ以上にオオカミや様々な橇イヌたちとの異種交配を妨げられた。オオカミと橇イヌの異種交配についての民族誌上の逸話はそうした出来事が普通だったことを推定させるが、その交雑個体は家畜化の状況を管理するのが難しく、橇を引く能力が他の橇イヌよりも劣っていた。現在までに得られた証拠は、ベーリンジアのオオカミは、やがて家犬を生み出すに至った北半球のハイイロオオカミの大部分、もしくはすべての祖先だったということを示唆している[6]。

ジョホフ島で暮らした後、彼ら革新的な極北狩猟民と彼らが手間暇かけて繁殖させたイヌはベーリンジアへと移動し、さらに南北アメリカ大陸へと南転したのだろうか？　この疑問に答えるために、ミッケル＝ホルガー・シンディングらの大型研究チームは、ジョホフ島のイヌから核ゲノムを抽出し、「ヤナ川サイの角」遺跡から発掘したオオカミの核ゲノムと、さらにグリーンランド産の現生橇イヌから抽出したゲノムと比較した[7]。ジョホフ島のイヌはグリーンランドの橇イヌと遺伝的に密接な関係が認められ、澱粉消化遺伝子の少数のコピーを共有していた。しかしグリーンランドの橇イヌは、明らかに高脂肪食を食べるのに関係する遺伝子を獲得していた。その遺伝子は、グリーンランドの橇イヌがジョホフ島のイヌから分岐した後のイヌイット民族の中から存在の報告された遺伝子と似ている。ちなみにジョホフ島のイヌは、そうした遺伝子を持っていない。問題は、ベーリンジアに移住し、さらに南転してアメリカ大陸に入っていったシベリア古代人の最初のグループが連れて行ったはずのイヌを、なぜ研究者たちはまだ見つけていないのかということだ。彼らが果たす仕事のために繁殖させられたイヌたちとの緊密な共同作業は、人類が初めてアメリカ大陸に到着するずっと以前のシベリア高緯度極北域での伝統であった。だがそうした人々と彼らの連れたイヌたちがアメリカ大陸にどのようにして移住して行ったのか、正確なところは不明なままである。古代人は、無氷回廊を突破してか、あるいはケルプ回廊沿いに舟でか、ともかくも一万六〇〇〇年前〜一万五〇〇〇年前頃に南へと移住することができた。

エリザベス・P・マーチソン、ジョージ・ラーソン、ローレント・A・E・フランツらによる研究チームは、過去九〇〇〇年前以降の古代アメリカとシベリアのイヌ七一個体から完全なミトコンドリアのゲノムを得た。彼らは、それまでに文献で報告されていた一四五個体のイヌのミトコンドリアDNAも考察に加えた。イヌのミトコンドリアDNAは、最も一般的なイヌのクレイド（クレイドA、I）内の系統樹を構成した。サンプルのすべてのイヌは、一万五〇〇〇年前頃のジョホフ島のイヌに関係する祖先を共有した。このことは、ヨーロッパ人との接触以前に、明らかにイヌがアメリカ大陸にいたことを示していた。だがアメリカ大陸のイヌは北米のオオカミから派生したのではなく、おそらくシベリアのオオカミから派生したのだろう(8)。

これらのサンプルには、考古学的に発見され、直接に年代測定されたアメリカ大陸最古のイヌであるイリノイ州のコスター遺跡とスティルウェル遺跡のイヌも含まれていた。コスター遺跡のイヌとスティルウェル遺跡のイヌは、最近、年代が再測定されて一万年前頃と同定され、また人により意図的に埋葬されたように思われる。コスター遺跡のイヌは、スティルウェル遺跡のイヌよりも華奢であり、頑丈さに欠けるようだ。この年代値は、極北から来た狩猟採集民はイヌを連れずにアメリカ大陸に南下して来た――奇妙な選択肢と思われる――か、それとも最初の移住後、六〇〇〇〜五〇〇〇年前まではイヌはアメリカ大陸にはたくさんはいなかった――その場合はたぶん人類移住の第二波に伴って来た――かの、どちらかを推定させる。残念ながら、スティルウェル遺跡のイヌ遺体からは、DNAは何も抽出できなかった。アメリカの遺跡二カ所から出土したイヌは、ジョホフ島やバイカル地域のイヌだったと推測される。肩高は四三九〜五一七センチで、体重は一七キロくらいしかない。この推定値は、ジョホフ島の大型のイヌのそれよりも体重にしてはるかに軽いけれども、小さな方のジョホフ島のイヌのように、グリーンランドの橇イヌについてのアメリカンケネルクラブの標準と肩高では近く、そこからかけ離れているわけではない。しかし橇イヌであったとすれば、明らかに一万年前のイリノイでは大きな価値のある仕事は無かった。あるいは人間の友だちだったのかもしれない。

ヨーロッパ人との接触以前のアメリカのイヌについてのこの研究は、二〇〇二年のジェニファー・レオナードによる先行研究の結果を確証した。彼女たちの研究チームは、メキシコ、ペルー、コロンビアの考古遺跡から出土した三七個体の土着犬から抽出したミトコンドリアDNA断片の分析を基に、アメリカの古代犬は北米のオオカミから独立して繁殖させられたのではなかったことを示した。彼女たちのサンプルには、アラスカから見つかった、ヨーロッパ人との接触以前のイヌ一一個体も含まれた。さらにエスキモー犬、メキシカンヘアレス、アラスカン・ハスキー、ニューファンドランド犬、チェサピーク・ベイ・レトリーバー、それにオセアニアからオーストラリアのディンゴ、ニューギニア・シンギング・ドックを加えた各数点の配列がサンプルに追加された。そのすべてがユーラシアのイヌの一員になった。レオナードらのチームの分析は、少なくとも五系統のイヌが極北から人と共に南にやって来たことを推定させた。これらの系統のほとんどがその後に消失に近い状態になったことは、植民地文化がいかに強力に土着文化を——そしてイヌも——圧迫したかを示している。[9]
最近の論文では、シベリアのイヌに関する遺伝的データと地理的データは、アメリカ大陸に人が移住した時の人の動きをかなり正確に映し出すので、間違いなくシベリアはイヌの家畜化の起源地だった、と主張するものが多い。イヌの遺伝学と人類遺伝学の著名な研究者たちのグループは、この研究に共同して取り組んだ。ただ残念ながら、明確な家犬の発見できる最古の遺跡で放射年代測定法で年代測定された例は無い。考古学的、古生物学的な発見物の放射年代測定に頼るよりはむしろ、レオナードらの研究チームは、観察できる突然変異——それは変化しやすい結果を生み出しがちだ——を根拠にしただけのそうしたシナリオを時代遅れのものにしている。かくして研究チームは、次のように結論づけた。

ここで、シベリア、ベーリンジア、北米の人とイヌの集団遺伝学の結果を比較することにより、我々はそれぞれの系統の動きと違いに密接な相互関係のあることを示した。……イヌはシベリアで二万三〇〇〇年前頃までには家畜化されたことが推定される。おそらくは最終氷期最盛期（LGM）の厳しい気候の間、人もオオカミも孤立している間に、だ。それからイヌは、アメリカ大陸に移動した最初の集団に付き従い、一万五〇〇〇年前頃に始まった全大陸への急速な拡散とともに、人と一緒に旅したのだ。

だが彼らの分析で二万三〇〇〇年前頃と年代想定した遺跡は、存在しないのだ。シベリアの「ヤナ川サイの角」遺跡は、もう少し古い（三万三〇〇〇年前）し、バイカル湖周辺遺跡群はそれよりはるかに新しい（九五〇〇〜八〇〇〇年前）。そしてジョホフ島のホッキョクグマを狩ったイヌは、九五〇〇年前頃である。北米の最古のイヌの骨は、やっと一万年前のものに過ぎない。イヌを家畜化し、イヌと共に狩りをするという考えが、シベリア古代人と共に南方へと動き、彼らはついにアメリカ大陸に植民したのだ。研究チームの結論は、とても魅力的であり、広い意味では正しいのかもしれないが、その結論も、イヌ、または半家畜化されたイヌ科動物がシベリアや南北アメリカ大陸から東南アジアや大オーストラリア大陸へとどのように動いたかについてのいかなる仮説も支持していない[10]。

# 第十六章　地球の果てまで

人がアメリカ大陸で南に移住した時、環境条件は変化したし、イヌ科動物も変わった。南アメリカには三〇〇万〜二五〇〇万年前までいかなるイヌ科動物も全くいなかったのはオーストラリアとの興味深い類似点だ。この時、陸棲動物は、陸化したパナマ地峡を経由して南米に初めて移動できた。しかし今の南米は、ヨーロッパ人の植民まで、彼らが初めてこの大陸に侵入した時から基本的に孤立していた一部の固有種と、どちらかと言うとキツネに似たイヌ科動物――しばしばゾロス（*zorros*）と呼ばれる――の原郷土である。集団としてはこれらの種は、解剖学的構造の細部に関しても、地理学上の他地域のイヌ科動物群とは似ていない。アマゾン盆地とカリブ海地域の固有種のイヌ科について初期の植民者たちが残した説明では、繰り返してこう書かれている。これらの種は、吠えない、と。多くの執筆者は、二つのタイプについて言及した。一つはおそらく植民地入植者によって持ち込まれたスパニッシュ・マスティフに由来を持っていたイヌ、そしてもう一つは未知の祖先を持つ小型の白いイヌだ。これらのイヌ科動物は、「フテア（*hutia*）」と呼ばれる大型の固有種齧歯類を狩るのに使われた。またイヌは、若いヤギのように食用に適するとみなされた(1)。

南米の固有種である「イヌ」は、この大陸の外ではあまりよく知られておらず、また実際にイヌではない。これまで彼らは、決して家畜化されたことはなかった。そうした仲間として、脚が非常に長いタテガミオオカミ（*Chrysocyon brachyurus*）がいる。赤毛、長くて黒い脚、やはり長くて黒い鼻面、ふさふさした毛に覆われた、キツネのような尾を持った目立つ姿の動物である。タテガミオオカミは、主に単独行動をとり、草原で昆虫、小型齧歯類、鳥などを食べる。絶滅の危機にある、希少なコミミイヌ（*Atelocynus microtis*）は、人や捕獲の恐れのある居住地を避けられる熱帯雨林に適応したほっそりした体躯の種である。ヤブイヌ（*Speothos venaticus*）は、短い脚を持った、ずんぐりした動物で、主にアグーチ（熱帯アメリカに分布する数種類の齧歯類の総称）とパカを、群れで狩る。ヤブイヌは、河畔の生息地によく集まり、半水棲と見られている。その理由の一部は、水かきのあるつま先を持っているからだ。もう一つの南米の固有種は、カニクイイヌ（*Cerdocyon thous*）である。短い脚を持ち、地上性の雑食動物で、森の中に住み、小型哺乳類、昆虫、果実、カニ、カエルなどを食べる。[2]

南米はまた、キツネや「ニセギネツ」の六つもの種をほこる。それらは、スジオイヌ属（*Lycalopex*）やクルペオギツネ属（*Pseudalopex*）と呼ばれる。しかし学者の中には、フォークランドオオカミ（*Dusicyon australis*）と共にドゥシシオン属に分類する者もいる。なおフォークランドオオカミは、南米固有のイヌ科で最大の種で、今では残念なことに絶滅してしまった。フォークランドオオカミの大きさは、ほぼコヨーテ大（肩高約一メートル）だった。チャールズ・ダーウィンは、英国海軍艦船「ビーグル号」の有名な航海で、フォークランドオオカミを観察し、触れあった。彼は、フォークランドオオカミが非常に人慣れしていることを知り、かつて実際に家畜化されていたのではないか、と考えた。この動物は、フォークランド諸島でしか知られていない。

南米のキツネを飼い慣らし、家犬との交雑個体を産ませることについてのたくさんの逸話に富んだ歴

南米固有のイヌ科は、キツネ、オオカミ、イヌと近い関係を持たない、独特なイヌ科のグループである。上：カニクイイヌは、南米中部の小湖沼群の近くに暮らすことが多い。中：ヤブイヌは、広い範囲に住む珍しい動物だ。下：タテガミオオカミは、外観が竹馬に乗ったキツネのように見える美しい動物だが、キツネともオオカミとも近い関係にはない。その長い脚は、丈の高い草原での狩りへの適応のように思われる。

史上の報告がある。こうした話は、様々な識者によって信じられたり却下されたりしてきた。相反する陳述は、これらの報告の真実性に疑問を投げかける。ある記述は、これら南米固有のイヌ科は声が出せず、吠えることができないとレッテルを貼った一方、様々な発声（うなり声、キャンキャン鳴き、遠吠え）についての記事を提示するものもある。ある筆者はこの動物たちは容易に人に慣れると報告するが、別の筆者は「人からすぐ逃げるのでめったに見られない」と反対のことを言う。南米のイヌ科のどれ一つとして家畜化されたという確かな証拠は無い。そしてヤブイヌは最初は、何人かの人の遺骸が埋葬されていたブラジルの石灰岩洞窟から収集されたのだが、そのヤブイヌが家畜化されていたことも、人が意図的に埋葬したという手がかりも全く無い。

チャールズ・ダーウィンは、フォークランド諸島の唯一の陸棲種がオオカミだったという事実に個人的に当惑させられた。フォークランド諸島は、南米大陸から最も近い所で約四八〇キロも離れている。そのことが、フォークランドオオカミは同諸島に人によって連れてこられたのだろうという彼の憶測をもたらした。フォークランドオオカミ（*Dusicyon australis*）に最も近縁な種は、アルゼンチンに棲んでいた、小型で、キツネに似た、絶滅イヌ科（ドゥシシオン・アヴス＝*Dusicyon avus*）であった。ドゥシシオン属の最近の遺伝学的調査の結果、この二種は実際に近い関係にあったことが確かめられた。つい一万六〇〇〇年前頃に、分岐したに過ぎなかった。フォークランド諸島とアルゼンチンの距離は、その時にたった二〇キロほどにまで縮まっていたということが分かり、フォークランドオオカミは、人の助けが無くとも氷河期の時に島に渡ることができたと推定された。キツネに似たイヌ科は南米へ移動し、その後に食性と居住地に基づいて様々なニッチに合わせて多様化したようだ。北米産のダイアウルフ

(*Canis dirus*) とハイイロギツネ (*Urocyon cinereoargenteus*) の数点の化石が、これまでに南米でも見つかっている。だが他のオオカミは、南半球まで進出することはなかった。したがってイヌに進化はできなかった。[3]

　これが意味するのは、ほぼ確実にヨーロッパからの植民者がイヌを持ち込むまで、真の家犬は、南米に決して多くは入ってこなかったということだ。シベリア古代人もアメリカ大陸への他の早期移住民も、極北に暮らしていた時に特別にイヌを繁殖させていた人々でさえ、明らかに南米にイヌを連れてこなかった。先史時代の人間の埋葬地は南米で知られており、多数の骨格が出土している。例えばラゴア・サンタから見つかった有名なルジア頭蓋がその一つで、年代は九〇〇〇年以上前である。

　遺伝学者たちは、ブラジル、ベリーズ、ペルー、アルゼンチン、チリから見つかった南米古代人四九個体からＤＮＡ全ゲノムを抽出し、南米居住の問題の解明に取り組んだ。彼らは、これらの初期南米古代人とモンタナ州の「アンジック・ボーイ」との間の遺伝的関連を証明した。アンジック・ボーイは、クロヴィス型石器群と共に見つかり、年代は一万二九〇〇年〜一万二七〇〇年前と測定された。彼は、南米の最古期古代人のサンプルの多くと関連があった。しかしＤＮＡを含むもっと新しい南米のサンプルは、北米のすべてのアメリカ先住民を生み出したと考えられる人類の二番目の枝に関連づけられる。このことから南米の初期人類集団は、九〇〇〇年前頃にやって来た別の集団に置き換えられたと推定される。さらに最近の別の分析によると一部の南米古代人は、オーストラリアやアジアから来た遺伝子をより多く持つ、今なお未特定の人類集団に由来したとも示唆されている。このことは、例えばルジア化石のような一部の頭蓋に見られる特異な外貌を説明してくれるのかもしれない。南米の遺伝的隔離は、大オーストラリア大陸の隔離がオーストラリア先住民とディンゴの進化に影響を及ぼしたように、イヌ科と人の双方の進化に影響したようだ。(4)

真の家犬が南米に侵入した時、何が起こったのだろうか？　南米でのイヌと人の動向を追跡するどんな試みも、今も狩猟採集生活を送っている人々の中でのイヌの使用と植民地時代のイヌの利用との間の顕著な違いの解決に取り組む必要がある。スペイン人やその他のヨーロッパ人侵入者による征服の間、イヌは征服の道具となっていた。イヌ、特に攻撃的なスパニッシュ・マスティフは、集落全体や先住民を絶滅させるまでに先住民を追い詰め、殺戮する目的で訓練され、使役された。イヌたちは、実際に殺された死体の肉を食べていた。彼らは、先住民に対して繰り返し、そして意図的に使われた効率的な武器だった。イヌたちは、ウマ、鎧、鉄砲、鉄剣を含む征服技術パッケージの一部品だったのだ。先住民たちは以前にそんな動物を見たことがなかったので、ヨーロッパ人の連れたイヌは先住民たちに恐ろしい動物、と初めは思われていた。たとえこの地域に（例えばブラジル領アマゾン地域に）土着のイヌ科動物がいたとしても、ヨーロッパのイヌとは違っていた。

逆説的だが、ヨーロッパ人の連れたイヌは、先住民がヨーロッパ人と接触した時に先住民の狩猟の「装備品」として使うためにとても望まれた贈り物となった。大オーストラリアで真のイヌが受け入れられたことにこの上なく似ている現象として、イヌは南アメリカの先住民たちにも急速に、そして熱心に受容された。植民者たちにとってイヌは、対立する集団間をつなぐ感情的な環を築くことのできる能力を持つことでも知られた。二〇一三年というつい最近でも、フェリペ・ヴァンデル・ヴェルデンは、第一次ゴム景気（一九〇六年～一九〇九年）の時にアマゾン地域を探検したカンディド・マリアーノ・

ダ・シルバ・ロンドンの物語を語った。ある時、ロンドンが溺愛していたイヌが行方不明になり、地元民のプルボラ族の人たちに見つけられた。彼らは、それが「白人のイヌ」であり、そのイヌを元の飼い主に送り届けることを認めた。ロンドンもそのイヌも再会に大喜びし、それ以後、ロンドンはベルボラ族を「手なずけ」て、好きになった。私は、彼が「手なずけ」という言葉で何を意味したのか、どうしても不思議に思わざるを得ない。(5)

ヴァンデル・ヴェルデンは、カリティアナ族の土地で知られるようになった最初のヨーロッパ産のイヌについて、それとやや似た話を物語る。その頃カリティアナ族は、自分たちの居住域に浸透してきた天然ゴム産業に魅力を感じるようになっていた。最初のイヌは、カリティアナ族の村に行商に来たある商人に連れてこられたのだ。その商人は、森の産物を買いに彼らの地域を歩き回り、工業製品も販売していた。(その話の別のバージョンでは、イヌの所有者を土地の首長としている。)小柄な白いイヌは、村に留まり、すぐに優秀な猟犬だと分かった。そのことにより、カリティアナ族はもっとイヌが欲しいと熱望し、そうやってたくさんの狩りの助手を繁殖させることができた。村の誰もがイヌを気に入り、イヌを怖がる者は誰もいなかった。狩りに際しての獰猛さのために、そのイヌは「家畜のジャガー」として知られるようになった。一方でそのイヌは、息子や娘のように家族の一員と認められた。(6)

ヴァンデル・ヴェルデンの挙げた最初の要点は、緊張した関係の社会的な潤滑油として、イヌが異なる民族間の緊張関係を和らげ、見知らぬ者同士のコミュニケーションを促すのに重要な役割を果たしたということだ。彼は、土着の「イヌ」――固有種であるカニクイイヌとスジオイヌ属の様々な種――の存在が、本物のイヌがヨーロッパ人によって持ち込まれた時、南米の僻遠の地でも本当の家犬の受容に向けての道を開いたかもしれないとさえ示唆している。ヨーロッパのイヌが征服の道具として使われたという記憶にもかかわらず、イヌは土地の住民たちに歓迎された。ヴァンデル・ヴェルデンは、二つの理由を認める。第一が、イヌの持つ狩りの技術であり、それは大いに賞賛された。第二が、人と密接な感情的絆を作るイヌの性質である。

計量的研究によって、人類学者のジェレミー・コスターは、銃火器を使ったのと同じくらい、イヌを伴った狩りがニカラグアの森林地帯の土着狩猟採集民の成功度を高めたことを見出した。コスターのデータは、イヌを伴った狩りの費用対効果の統計分析を可能にした。それには、犬が食べる肉の必要量と呆れるほどに高い死亡率が含まれる。コスターは、自分が研究対象とした場所では毎年、成犬の四九％が死に、すべての仔のほぼ半数が新生児期に死んでいたことを知った。より優れた猟犬とみなされたイヌは見返りにより多くの食べ物をもらい、他の世話も受けていたことを、彼は実証した。もちろん、イヌたちはそのような待遇を受けていた。(7)

コスターもヴァンデル・ヴェルデンも、イヌの持つ親近感、人と共同作業のできるイヌの能力、深い感情的な絆を築く能力について書いている。これは、クライヴ・ウェインが著書『イヌは愛である』で書き、イヌに起こったある種の遺伝子上の突然変異がもたらした行動上の効果について比較することでブリジット・フォンホルトが述べている感情的なつながりと同じ種類のものである。ちなみにその遺伝上の突然変異が、見知らぬ者や新規なことへの親しみとかなりの寛容さを引き起こしていると思われる。これと似た感情的な結びつきは、ジョホフ島にいた極北のイヌたちが送った驚くべきライフスタイルで暗示される。そこでのイヌは、意図的に繁殖させられ、埋葬されたのだ。イヌを感情に訴えさせるよう

**何がイヌをイヌにさせるのか？　イヌと人との関係。**

にする親近感は、様々な、しかしホッキョクグマの狩りにしろ、ココノオビアルマジロの追跡にしろ、地下水を嗅ぎつけるにしろ、橇を引くにしろ、幽霊や悪霊に警鐘を鳴らすにしろ、ともかくも人間の生存にとって欠くべからざる役割をイヌが果たすことを可能にする多様な身体的特質と結びついている。イヌを、多くの異なる環境で高く評価される友になることを可能にしてきたもの——人間たちが体格、強さ、毛並み、体色を求めて繁殖させ、彼らに様々な狩猟戦略に適したコミュニケーションという特殊な手段を発展させることを可能にしたもの——こそ、行動上の特質と身体的特質というこの驚くべき組み合わせなのである。(8)

# あとがき

人とイヌの移動と世界中への拡散を再調査する時、真実らしく思われるのは、その動きは生物地理学的要因に強く影響されるということだ。海浜適応技術がなくては人が到達できなかっただろう大陸に人が進出、イヌに似た動物も同様の技術がなくては到達できなかった。イヌ科は、直接にではなく、人間との親しい感情的結びつきを構築することにより、そうした技術を獲得した。このように人が新しい領域や生態系の中に移住した時、人はしばしばイヌ科の友を連れていた。

異常に乾燥して水の供給が限られた地域であるオーストラリアの環境に人類が直面した場合、人類はまずこの大陸に腰を落ち着け、生存していくための文化的仕組みを発展させた。その土地で生きていけるように十分に学ぶことを可能にした人間の賢明な適応は、ディンゴがやって来る時まで、彼らを適切な居住地にしっかりと腰を落ち着けさせた。しかしオーストラリアで生きることの厳しさに自らが適応するという点においてディンゴは、最初のオーストラリア人を生き延びさせるのを助ける仕組みや技術を進歩させなかった。ディンゴはオーストラリア先住民の生活に必須ではなかったし、人が改変した居住地は重要な食資源をもたらしたが、オーストラリア先住民にディンゴは重要でもなかった。強い感情的な絆と大切なコミュニケーション技術を発展させるための切実な必要性と緊急の圧力は、オーストラリアではディンゴと人に単純には当てはまらなかった。

同様に、アメリカ大陸に――そして特に、南アメリカの大半を占める熱帯雨林に――進出した最初の人類は、イヌを連れてはいなかった。そしてそのずっと、ずっと後になって、イヌ科と協力して働くことの利点に気がついた。しかし南米でもオーストラリアでも先住民は、自分たちの役に立つイヌ科を家畜化していなかったのだ。ただそれだけに両者とも、植民者が連れてきた家犬には強い印象を与えられた。

私の評価では、ディンゴも南米固有のイヌ科動物たちも、家犬ではなかったし、そうしたイヌ科はその後も家畜化されることはなかった。彼らは、イヌらしさに必須の要素を分離できて、また多様であること、このことがイヌが世界中で大いに繁栄したことの原因であることを、私たちに示している。しかし最初のオーストラリア人は、ディンゴを家畜化してイヌにしようと意図しようとする形ではディンゴとの関係を持たなかった。そしてディンゴもまた、人間に対し、家族の一員として心から人に受け入れられてもらえるようには行動しなかった。ディンゴは、ドリームタイムの説話の中で重要な役割を持つ地位にいるが、伝統的な先住民文化には完全には取り入れられなかった。オーストラリア先住民とディンゴの間の絆は、恒久的ではなく、一時的な同盟であったと予期される。南米の先住民たちも、土着のイヌ科動物を家畜化したようには思えず、またここにはいかなる種類の土着のオオカミもいなかった。

私は自分の調査で、ディンゴを気に入り、賞賛し、理解する人たちがディンゴと並外れたほどの長く持続する絆を実際に発展させていることを明らかに見てきた。だがこれらほとんどの人々は、この関係を発展させ、ディンゴを自らの暮らしの中に完全に統合するための技術とそうしようとする意思を欠いている。ディンゴが初めてオーストラリアで人間に出合った時、彼らはいくらかはイヌになる途上にあったが、そこから抜け出せなかった。ディンゴがアジア以外のどこか他の場所に由来したとしても、その場所を追跡するのが難しいことが分かっている。したがってディンゴが特殊化されて、ディンゴ以外のものになるかどうかは不明であることも分かっている。

ディンゴは隣の陸地、すなわち大オーストラリア大陸に向けて、なぜ舟に乗って連れてこられたのだろうか？　本当のところ、これも分からない。ディンゴが不明確で、目立たないニッチ——時には食物、時には友、時として保護者、時として捕食者、時として子どもの代わり、時には仲を裂く者、こそ泥、遊び友だち時々厄介者、時には狩りの供、時には狩りの標的——を埋めている限り、この疑問に答えるのに苦労するだろう。

同じことは、南米固有のイヌ科動物についても言えるだろう。彼らの風変わりな性質は、そこで彼らを見つけた古代人の奇妙さと相似している。私が思うに、ある種の生物地理学的障壁が働いていたのではないか。だが、それが何であるか私には分からない。

人間がなしたそれぞれの移住、分布地の根本的拡大の物語は、それぞれの時代の様々な組み合わせの課題を提示した。昔棲んでいた所よりも寒い、一般の動物も植物も生きていくのは困難な場所で、人とイヌは必ずしも適さない環境条件に適応し、自分たちが食べるための動物の行動と植物の生態を識別するよう強いられた。十中八九、それは意識的な決断ではなく、単純な一発勝負だった。開けた草原やツンドラでは、素早く移動すること、そして組織的なやり方での狩りが不可欠だった。深い、じめじめした熱帯雨林では、それとはまた別の戦略がうまく機能した。人とイヌが、恐ろしいほど寒く、危険な居住地へ移住した時、人はイヌと共に生き抜き、手に入れられる食物を得て、それを消化できるという真に驚くべき適応を発展させた。人とイヌの間に育まれた絆の深さは、いっそう明確になった。宗教と霊的な信仰が、人が狩った動物と人が共に暮らした動物との間のつながりの周囲に開花した。時には、人とイヌは一つのコミュニティーとなった。人の暮らしのにおいてその役割に応じてイヌを埋葬し、敬意を表することは、以前よりもはるかに重要性を増したのもいわば当然である。我々人間は、たくさんの物を生け贄に献げ、自分たちの役に立ち、守ってくれるイヌに対し、適切に行動するのを確実にすることに手数をかけ始めた。人は、自らの行動と友への期待に影響を与える一種の思いやりのある倫理観を発展させたのだ。

本書は、私にとって魅惑的な旅となった。その旅とは、謎と、知的格闘と欲求不満に時として至らせた理解への追求であった。ひょっとしたら諸説の糸の中で、あるいは私の理解は間違えたかもしれない。だがそれでも私は、このテーマが要求してきた努力の成果をありがたく思っている。これまで以上にはっきりと私は、人が他の動物たちとどのように共生しているか、人がどのように相互に依存しているのかを知ると思う。人類は、イヌ科動物と同じ生態系に属する一部である。それが、人がイヌや他の動物たちとしばしば一緒に歩んできた理由だ。彼らとは、人がいつも深く感じられた同盟を取り決めてきたのだ。彼らが独自の考え、感じ方、感情、そして意見を持つという意味では、「イヌは人である」。イヌは、受容できる行動のための感情を基礎にした善悪の基準を持ち、おそらくすべてが、公正さという感覚を持つ。私たちが明らかに他の種であると認知している動物と似ていないわけではない身体的、精神的要求によって動かされるという意味では、「人は動物でもある」とも言われるべきだ。人と共に暮らし、人と意思を通じ合うことを選択したことによって、イヌはどのようにして一緒に生き、繁栄するかを学ぼうという途方も無い機会を人に与えてきたのである。

# 謝辞

多くの方々からの相当の助力がなければ、私は本書を書き上げられなかっただろう。こうした方々として、シェリル・グレン、ジョン・オルソン、マリアン・コープランド、キャロル・フィリップス、ヘルガ・ヴィーリッヒ、イアン・デービッドソン、メラニー・フィリオス、スー・オコーナー、ジェーン・バルメ、ヴラジーミル・ピトゥルコ、ロバート・ロージー、ミーチェ・ジェルモンプレ、ボブ・ウェイン、ブレア・ヴァン・ヴァルケンバーグ、ブリジット・フォンホルト、クリス・メイソン、マイク・ウォータース、トム・ディルヘイ、ブラッドリー・スミス、リン・ワトソン、レイ・マレン、ジェフリー・マティソン、グレッグ・レタラック、ニーナ・ジャブロンスキー、ジョージ・チャップリン、マラ・コンノリー・タフト、そして「マック」ことマッキンタイアを挙げられる。私は、二、三の忠実な友と創造的ひらめきを忘れているかもしれない。だが故意にではない。数多くの学者の皆さん方に、私は感謝してもし切れない。その輝かしい研究業績は、私にとっては多くのことを意味したのだから。すべての皆さん、ありがとう。

# 註


まえがき

1. C. Hall, “Why Zebra Refused to Be Saddled with Domesticity,” TheConversation.com (https://theconversation.com/why-zebra-refused-to-be-saddled-with-domesticity-65018, September 14, 2016).
2. R. Coppinger and L. Coppinger, Dogs: A Startling New Understanding of Canine Origin, Behavior & Evolution (New York: Scribner, 2001).

第1章　イヌ以前

1. Bronwen Dickey, Pit Bull: The Battle over an American Icon (New York: Knopf, 2016).
2. E. Matisoo-Smith, “The Human Colonisation of Polynesia. A Novel Approach: Genetic Analyses of the Polynesian Rat (Rattus exulans),” Journal of the Polynesian Society 103, no. 1 (1994): 75–87.
3. R. Wayne, “Molecular Evolution of the Dog Family,” Trends in Genetics 9, no. 6 (1993): 220.
4. K.-P. Koepfli, J. Pollinger, R. Godinho, et al., “Genome-wide Evidence Reveals That African and Eurasian Golden Jackals Are Distinct Species,” Current Biology 25 (2015): 1–8.
5. C. Daujeard, G. Abrams, M. Germonpré, et al., “Neanderthal and Animal Karstic Occupations from Southern Belgium and South-eastern France: Regional or Common Features?” Quaternary International 411, part A (2016): 179–197.
6. K. Lohse and L. Franz, “Neandertal Admixture in Eurasia Confirmed by Maximum-Likelihood Analysis of Three Genomes,” Genetics 196 (2014): 1241–1251.
7. V. Slon, F. Mattazoni, B. Vernot, et al., “The Genome of the Offspring of a Neanderthal Mother and a Denisovan Father,” Nature 561 (2018): 113–116; L. Chen, A. Wolf, W. Fu, et al., “Identifying and Interpreting Apparent Neanderthal Ancestry in African Individuals,” Cell 180, no. 4 (2020): 677–687.
8. T. Higham, K. Douka, R. Wood, et al., “The Timing and Spatiotemporal Patterning of Neanderthal Disappearance,” Nature 512 (2014): 306–309.
9. M. Germonpré, M. V. Sablin, R. E. Stevens, et al., “Fossil Dogs and Wolves from Palaeolithic Sites in Belgium, the Ukraine and Russia: Osteometry, Ancient DNA and Stable Isotopes,” Journal of Archaeological Science 36, no. 2 (2009): 473–490; M. Germonpré, M. Lázničková-Galetová, and M. Sablin, “Palaeolithic Dog Skulls at the Gravettian Předmostí Site, the Czech Republic,” Journal of Archaeological Science 39, no. 1 (2012): 184–202.
10. O. Thalmann, B. Shapiro, P. Cui, et al., “Complete Mitochondrial Genomes of Ancient Canids Suggest a European Origin of Domestic Dogs,” Science 342 (2013): 871.
11. H. Bocherens, D. Drucker, M. Germonpré, et al., “Reconstruction of the Gravettian Food-web at Předmostí I Using Multi-isotopic Tracking (13C, 15N, 34S) of Bone Collagen,” Quaternary International 359–360 (2015): 211–228.
12. K. Prassack, J. DuBois, M. Lázncková-Galetová, et al.,

"Dental Microwear as a Behavioral Proxy for Distinguishing between Canids at the Upper Paleolithic (Gravettian) Site of Předmostí, Czech Republic," Journal of Archaeological Science 115 (2020): 105092–105102.
13. A. R. Perri, "Hunting Dogs as Environmental Adaptations in Jōmon Japan," Antiquity 90, no. 353 (2016): 1166–1180.
14. P. Shipman, The Invaders: How Humans and Their Dogs Drove Neanderthals to Extinction (Cambridge, MA: Belknap Press of Harvard University Press, 2015).『ヒトとイヌがネアンデルタール人を絶滅させた』、シップマン、パット；河合信和（監訳）、柴田譲治（訳）、二〇一五年、原書房

第二章　なぜイヌなのか？そしてなぜ人なのか？

1. M. Derr, How the Dog Became the Dog: From Wolves to Our Best Friends (New York: Overlook Duckworth, 2011), 20.
2. C. Mason, personal communication to author, 1976.
3. A. Miklósi, E. Kubinyi, J. Topál, et al., "A Simple Reason for a Big Difference: Wolves Do Not Look Back at Humans But Dogs Do," Current Biology 13 (2003): 763–766; K. Lord, "A Comparison of the Sensory Development of Wolves (Canis lupus lupus) and Dogs (Canis lupus familiaris)," Ethology 119, no. 2 (2013): 110–120.
4. C. Wynne, Dog Is Love: Why and How Your Dog Loves You (New York: Houghton Mifflin Harcourt, 2019).
5. R. Coppinger and L. Coppinger, Dogs: A Startling New Understanding of Canine Origin, Behavior and Evolution (New York: Simon and Schuster, 2001).

第三章　イヌらしさとは何か？

1. C. Wynne, Dog Is Love: Why and How Your Dog Loves You (New York: Houghton Mifflin Harcourt, 2019).
2. B. VonHoldt, J. Pollinger, K. Lohmuelle, et al., "Genome-Wide SNP and Haplotype Analyses Reveal a Rich History Underlying Dog Domestication," Nature 464 (2010): 898–903, 901.
3. B. Hare, M. Brown, C. Williamson, and M. Tomasello, "The Domestication of Social Cognition in Dogs," Science 298, no. 5598 (2002): 1634–1636.

第四章　一カ所でか、それとも二カ所で？

1. J. Krause, Q. Fu, J. Good, et al., "The Complete Mitochondrial DNA Genome of an Unknown Hominin from Southern Siberia," Nature 464 (2010): 894–897; D. Reich, R. Green, and S. Pääbo, "Genetic History of an Archaic Hominin Group from Denisova Cave in Siberia," Nature 468 (2010): 1053–1060.
2. Reich et al., "Genetic History of an Archaic Hominin Group."
3. M. Caldararo, "Denisovans, Melanesians, Europeans and Neandertals: The Confusion of DNA Assumptions and the Biological Species Concept," Journal of Molecular Evolution 83 (2016): 78–87; J. Hawks and M. Wolpoff, "The Accretion Model of Neandertal Evolution," Evolution 55, no. 7 (2001): 1474–1485; J. Hawks and M. Wolpoff, "Brief Communication: Paleoanthropology and the Population Genetics of Ancient Genes," American Journal of Physical Anthropology 114 (2001): 269–272.
4. S. Brown, T. Higham, V. Sion, et al., "Identification of a New Hominin Bone from Denisova Cave, Siberia, Using Colla-

gen Fingerprinting and Mitochondrial DNA Analysis," Scientific Reports 6 (2016): 23559.

5. F. Chen, F. Welker, C-C. Shen, et al., "A Late Middle Pleistocene Denisovan Mandible from the Tibetan Plateau," Nature 569 (2019): 409–412; S. Bailey, J-J. Hublin, and S. Antón, "Rare Dental Trait Provides Morphological Evidence of Archaic Introgression in Asian Fossil Record," Proceedings of the National Academy of Sciences 116, no. 30 (2019): 14806–14807.

6. G. Scott, J. Irish, and M. Martinón-Torres, "A More Comprehensive View of the Denisovan 3-Rooted Lower Second Molar from Xiahe," Proceedings of the National Academy of Sciences 117, no. 1 (2019): 37–38.

7. Reich et al., "Genetic History of an Archaic Hominin Group."

8. P. Qin and M. Stoneking, "Denisovan Ancestry in East Eurasian and Native American Populations," Molecular Biology and Evolution 32, no. 10 (2015): 2665–2674.

9. D. Rhode, D. Madsen, J. Brantingham, and T. Dargye, "Yaks, Yak Dung, and Prehistoric Human Habitation of the Tibetan Plateau," in D. B. Madsen, F. H. Chen, and X. Gao, eds., Late Quaternary Climate Change and Human Adaptation in Arid China (Amsterdam: Elsevier, 2007), 205–224; M. Hanaoka, Y. Droma, B. Bassnyat, et al., "Genetic Variants in EPAS1 Contribute to Adaptation to High-Altitude Hypoxia in Sherpas," PLoS ONE 7, no. 12 (2012): 50566.

10. R. M. Durbin, G. R. Abecasis, R. M. Altshuler, et al., "A Map of Human Genome Variation from Population-Scale Sequencing," Nature 467 (2010): 1061–1073.

11. Durbin et al., "A Map of Human Genome Variation."

12. S. Kealy, J. Louys, and S. O'Connor. "Least Cost Pathway Models Indicate Northern Human Dispersal from Sunda to Sahul," Journal of Human Evolution 125 (2018): 59–70.

## 第五章　家畜化とは何か?

1. B. Hesse, "Carnivorous Pastoralism: Part of the Origins of Domestication or a Secondary Product Revolution?" in R. Jameson, S. Abouyi, and N. Mirau, eds., Culture and Environment: A Fragile Coexistence (Calgary: Proceedings of the 24th Annual Conference of the Archaeological Association of Canada, 1993), 99–108.

2. M. N. Cohen and G. Armelagos, Paleopathology at the Origins of Agriculture (Gainesville: University Press of Florida, 1984).

3. F. Galton, "The First Steps towards the Domestication of Animals," Transactions of the Ethnological Society of London, 3 (1865): 122–138, 137.

4. Galton, "First Steps."

5. C. Darwin, The Variation of Animals and Plants under Domestication (London: John Murray, 1868), 36, 34.

6. See discussion in D. Rindos, The Origins of Agriculture: An Evolutionary Perspective (Sydney: Academic Press, 1984), 5–6.

7. 二〇一二年のハリス世論調査は、アメリカ合衆国のペット所有者の九五%は自分たちのペットを家族の一員と考えていることに言及した。

8. P. Ucko and G. W. Dimbleby, eds., The Domestication and Exploitation of Plants and Animals (Chicago: Aldine, 1969), xvi.

9. A. Sherratt, "Plough and Pastoralism: Aspects of the Secondary Products Revolution," in I. Hodder, G. Isaac, and N. Hammond, eds., Pattern of the Past: Studies in Honour of David Clarke (Cambridge: Cambridge University Press, 1981), 261–305; A. Sherratt, "The Secondary Exploitation of Animals in the Old World," World Archaeology 15, no. 1 (1983): 90–104.
10. P. Shipman, "And the Last Shall Be First," in H. Greenfield, ed., Animal Secondary Products (Oxford: Oxbow Books, 2014), 40–54; S. Bököyi, "Archaeological Problems and Methods of Recognizing Animal Domestication," in Ucko and Dimbleby, Domestication and Exploitation, 219.
11. M. A. Zeder, "Core Questions in Domestication Research," Proceedings of the National Academy of Sciences 112, no. 11 (2015): 191–198.
12. G. Larson and D. Fuller, "The Evolution of Animal Domestication," Annual Review of Ecology, Evolution, and Systematics 45: 115–136.
13. S. Bökönyi, "Development of Early Stock Rearing in the Near East," Nature 264 (1976): 19–23; S. Crockford, Rhythms of Life: Thyroid Hormone and the Origin of Species (Victoria, BC: Trafford Publishing, 2006).
14. R. Losey, T. Nomokonova, D. V. Arzyutov, et al., "Domestication as Enskilment: Harnessing Reindeer in Arctic Siberia," Journal of Archaeological Method and Theory 28 (2021): 197–231, 198.
15. R. J. Losey, V. I. Bazaliiskii, S. Garvie-Lok, et al., "Canids as Persons: Early Neolithic Dog and Wolf Burials, Cis-Baikal, Siberia," Journal of Anthropological Archaeology 30 (2011): 174–189.
16. M. Germonpré, M. Lázničková-Galetová, M. V. Sablin, and H. Bocherens, "Self-domestication or Human Control? The Upper Palaeolithic Domestication of the Wolf in Hybrid Communities," in C. Stepanoff and J.-D. Vigne, eds., Biosocial Approaches to Domestication and Other Trans-species Relationships (London: Routledge, 2018), 39–64.
17. J. Clutton-Brock, A Natural History of Domesticated Animals (Cambridge: Cambridge University Press, 1999).
18. D. F. Morey, "In Search of Paleolithic Dogs: A Quest with Mixed Results," Journal of Archaeological Science 52 (2014): 300–307; D. F. Morey and R. Jeger, "Paleolithic Dogs: Why Sustained Domestication Then?" Journal of Archaeological Science 3 (2015): 420–428.

第六章　最初のイヌはどこから来たか?

1. R. Wayne, "Molecular Evolution of the Dog Family," Trends in Genetics 9, no. 6 (1993): 218–224.
2. S. Olsen, Origins of the Domestic Dog: The Fossil Record (Tucson: University of Arizona Press, 1985).
3. L. Janssens, A. Perri, P. Crombe, et al., "An Evaluation of Classical Morphologic and Morphometric Parameters Reported to Distinguish Wolves and Dogs," Journal of Archaeological Science: Reports 23 (2019): 501–533, 531, 533; P. Ciucci, V. Lucchini, L. Boitani, and E. Randi, "Dewclaws in Wolves as Evidence of Admixed Ancestry with Dogs," Canadian Journal of Zoology 81, no. 12 (2003): 2077–2081.
4. C. Vilà, P. Savolainen, J. E. Maldonado, et al., "Multiple and

Ancient Origins of the Domestic Dog," Science 298 (1997): 1613–1616.
5. P. Savolainen, Y-P. Zhang, Luo Jing, et al., "Genetic Evidence for an East Asian Origin of Domestic Dogs," Science 298 (2002): 1610–1613.
6. S. Davis and F. Valla, "Evidence for Domestication of the Dog 12,000 Years Ago in the Natufian of Israel," Nature 276 (1978): 608–610.
7. Davis and Valla, "Evidence for Domestication of the Dog," 610.
8. K. Lord, "A Comparison of the Sensory Development of Wolves (Canis lupus lupus) and Dogs (Canis lupus familiaris)," Ethology 119, no. 2 (2013): 110–120.
9. M. Germonpré, M. V. Sablin, R. E. Stevens, et al., "Fossil Dogs and Wolves from Palaeolithic Sites in Belgium, the Ukraine and Russia: Osteometry, Ancient DNA and Stable Isotopes," Journal of Archaeological Science 36, no. 2 (2009): 473–490; M. Germonpré, M. Lázničková-Galetová, and M. Sablin, "Palaeolithic Dog Skulls at the Gravettian Předmostí Site, the Czech Republic," Journal of Archaeological Science 39, no. 1 (2012): 184–202; N. Ovodov, S. Crockford, Y. Kuzmin, et al., "A 33,000-Year-Old Incipient Dog from the Altai Mountains of Siberia: Evidence of the Earliest Domestication Disrupted by the Last Glacial Maximum," PLoS ONE 6, no. 7 (201): 22821.
10. O. Thalmann, B. Shapiro, P. Cui, et al., "Complete Mitochondrial Genomes of Ancient Canids Suggest a European Origin of Domestic Dogs," Science 342 (2013): 871.

第七章　こみ入った物語

1. P. Shipman, The Invaders: How Humans and Their Dogs Drove Neanderthals to Extinction (Cambridge, MA: Belknap Press of Harvard University Press, 2015).『ヒトとイヌがネアンデルタール人を絶滅させた』、シップマン、パット；河合信和（監訳）、柴田譲治（訳）、二〇一五年、原書房
2. R. Losey, T. Komokonova, L. Fleming, et al., "Buried, Eaten, Sacrificed: Archaeological Dog Remains from Trans-Baikal," Archaeological Research in Asia 16 (2018): 58–65.

第八章　失われたイヌ

1. P. Brown, T. Sutikna, M. J. Morwood, et al., "A New Small-Bodied Hominin from the Late Pleistocene of Flores, Indonesia," Nature 431 (2004): 1055–1061; F. Détroit, A. Mijares, J. Corny, et al., "A New Species of Homo from the Late Pleistocene of the Philippines," Nature 568 (2019): 181–186.
2. G. Hamm, P. Mitchell, L. Arnold, et al., "Cultural Innovation and Megafauna Interaction in the Early Settlement of Arid Australia," Nature 539 (2016): 280–283; S. Kealy, J. Louys, and S. O'Connor, "Islands under the Sea: A Review of Early Modern Human Dispersal Routes and Migration Hypotheses through Wallacea," Journal of Island and Coastal Archaeology 11 (2016): 364–384.
3. W. Noble and I. Davidson, "The Evolutionary Emergence of Modern Human Behavior," Man 26 (1991): 223–253; I. Davidson and W. Noble, "Why the First Colonisation of the Australian Region Is the Earliest Evidence of Modern Human Behaviour," Archaeology in Oceania 27 (1992): 135–142; I.

Davison, "The Colonization of Australia and Its Adjacent Islands and the Evolution of Modern Cognition," Current Anthropology 51 (2010): s177–s189.

4. C. Marean, M. Bar-Matthews, J. Bernatchez, et al., "Early Human Use of Marine Resources and Pigment in South Africa during the Middle Pleistocene," Nature 449 (2007): 905–908.

5. C. Clarkson, Z. Jacobs, B. Marwick, et al., "Human Occupation of Northern Australia by 65,000 Years Ago," Nature 547 (2017): 306–325.

6. C. Marean, "How Homo sapiens Became the Ultimate Invasive Species," Scientific American 313, no. 2 (2015): 31–39; C. Marean, "The Origins and Significance of Coastal Resource Use in Africa and Western Eurasia," Journal of Human Evolution 77 (2014): 17–40.

7. S. O'Connor, "New Evidence from East Timor Contributes to Our Understanding of Earliest Modern Human Colonisation East of the Sunda Shelf," Antiquity 81 (2007): 523–535; S. O'Connor, M. Spriggs, and P. Veth, "Excavation at Lene Hara Establishes Occupation in East Timor at Least 30,000–35,000 Years On: Results of Recent Fieldwork," Antiquity 76 (2002): 45–49; S. O'Connor and P. Veth, "Early Holocene Shell Fish Hooks from Lene Hara Cave, East Timor, Establish That Complex Fishing Technology Was in Use in Island South East Asia Five Thousand Years before Austronesian Settlement," Antiquity 79 (2005): 1–8.

8. S. O'Connor, R. Ono, and C. Clarkson, "Pelagic Fishing at 42,000 Years before the Present and the Maritime Skills of Modern Humans," Science 334, no. 6059 (2011): 1117–1121.

9. P. Veth, I. Ward, and S. O'Connor, "Coastal Feasts: A Pleistocene Antiquity for Resource Abundance in the Maritime Deserts of North West Australia?" Journal of Island and Coastal Archaeology 12 (2017): 8–23; P. Veth, K. Ditchfield, and F. Hook, "Maritime Deserts of the Australian Northwest," Australian Archaeology 79 (2014): 156–166; M. A. Bird, D. O'Grady, and S. Ulm, "Humans, Water, and the Colonization of Australia," Proceedings of the National Academy of Sciences 13, no. 41 (2016): 11477–11482, 11477.

10. J. Balme, "Of Boats and String: The Maritime Colonisation of Australia," Quaternary International 285 (2013): 68–75; J. Smith, "Did Early Hominids Cross Sea Gaps on Natural Rafts?" in I. Metcalfe, J. M. B. Smith, M. Morwood, and I. Davidson, eds., Faunal and Floral Migration and Evolution in SE Asia-Australia (Lisse, Netherlands: Swets & Zeitlinger, 2001), 409–416.

第九章　適応

1. M. A. Bird, D. O'Grady, and S. Ulm, "Humans, Water, and the Colonization of Australia," Proceedings of the National Academy of Sciences 13, no. 41 (2016): 11477–11482, 11477; M. Bird, S. C. Condie, S. O'Connor, et al., "Early Human Settlement of Sahul Was Not an Accident," Nature Scientific Reports 9 (2019): 8220.

2. G. J. Price, "Taxonomy and Palaeobiology of the Largest-Ever Marsupial, Diprotodon Owen, 1838 (Diprotodontidae, Marsupialia)," Zoological Journal of the Linnean Society 153, no. 2 (2008): 369–397.

3. M. Bird, C. Turney, L. Fifield, et al., "Radiocarbon Analysis

of the Early Archaeological Site of Nauwalabila 1, Arnhem Land, Australia: Implications for Sample Suitability and Stratigraphic Integrity," Quaternary Science Reviews 21 (2002): 1061–1075; J. F. O'Connell and J. Allen, "The Restaurant at the End of the Universe: Modelling the Colonisation of Sahul," Australian Archaeology 74 (2012): 5–17.

4. A. Thorne, E. Grün, G. Mortimer, et al., "Australia's Oldest Human Remains: Age of the Lake Mungo 3 Skeleton," Journal of Human Evolution 36 (1999): 591–612; J. M. Bowler, H. Johnston, J. M. Olley, et al., "New Ages for Human Occupation and Climatic Change at Lake Mungo, Australia," Nature 421 (2003): 837–841.

5. J. Balme, D. Merrilees, and J. Porter, "Late Quaternary Mammal Remains Spanning about 30,000 Years from Excavations in Devil's Lair, Western Australia," Journal of the Royal Society of Western Australia 60, no. 2 (1978): 33–65; C. Turney, M. I. Bird, L. K. Fifield, et al., "Early Human Occupation at Devil's Lair, Southwestern Australia 50,000 Years Ago," Quaternary Research 55 (2001): 3–13.

6. G. Hamm, P. Mitchell, L. Arnold, et al., "Cultural Innovation and Megafauna Interaction in the Early Settlement of Arid Australia," Nature 539 (2016): 280–283.

7. P. Hiscock, S. O'Connor, J. Balme, and T. Maloney, "World's Earliest Ground-Edge Axe Production Coincides with Human Colonisation of Australia," Australian Archaeology 82, no. 1 (2016): 2–11; M. Langley, S. O'Connor, and K. Aplin, "A >46,000-year-old Kangaroo Bone Implement from Carpenter's Gap 1 (Kimberley, Northwest Australia)," Quaternary Science Reviews 154 (2016): 199–213; S. O'Connor, "Carpenter's Gap Rock Shelter 1: 40,000 Years of Aboriginal Occupation in the Napier Ranges, Kimberley, WA," Australian Archaeology 40 (2014): 58–60.

8. C. Shipton, S. O'Connor, S. Kealy, et al., "Early Ground Axe Technology in Wallacea: The First Excavations on Obi Island," PLoS ONE 15, no. 8 (2020): e0236719.

9. Langley et al., "A >46,000-Year-Old Kangaroo Bone Implement."

10. Hiscock et al., "World's Earliest Ground-Edge Axe Production," 9.

11. I. Davidson, "Peopling the Last New Worlds: The First Colonisation of Sahul and the Americas," Quaternary International 285 (2013): 1–29.

12. S. Kealy, J. Louys, and S. O'Connor, "Least-Cost Pathway Models Indicate Northern Human Dispersal from Sunda to Sahul," Journal of Human Evolution 125 (2018): 59–70.

13. R. Gillespie, "Dating the First Australians," Radiocarbon 44, no. 20 (2020): 455–472.

14. M. Williams, N. A. Spooner, K. McDonnell, and J. F. O'Connell, "Identifying Disturbance in Archaeological Sites in Tropical Northern Australia: Implications for Previously Proposed 65,000-Year Continental Occupation Date," Geoarchaeology 36, no. 1 (2021): 92–108, 105; O'Connell and. Allen, "Restaurant at the End of the Universe" ; J. O'Connell, J. Allen, M. Williams, et al., "When Did Homo sapiens First Reach Southeast Asia and Sahul?" Proceedings of the National Academy of Sciences 115, no. 34 (2018): 8482–8490.

第十章　新しい生態系に生きて

1. S. J. Wroe, "Australian Marsupial Carnivores: Recent Advances in Palaeontology," in M. Jones, C. Dickman, and M. Archer, eds., Predators with Pouches: The Biology of Carnivorous Marsupials (Collingwood, Victoria: CSIRO Publishing, 2003), 102–123; D. A. Rovinsky, A. R. Evans, D. G. Martin, and J. W. Adams, "Did the Thylacine Violate the Costs of Carnivory? Body Mass and Sexual Dimorphism of an Iconic Australian Marsupial," Proceedings of the Royal Society B: Biological Sciences 287 (2020): 20201537.
2. A. Gonzalez, G. Clark, S. O'Connor, and L. Matisoo-Smith, "A 3000 Year Old Dog Burial in Timor-Leste," Australian Archaeology 76, no. 1 (2013): 13–20.
3. R. Paddle, The Last Tasmanian Tiger (Cambridge: Cambridge University Press, 2003); D. Owen, Thylacine: The Tragic Tale of the Tasmanian Tiger (Baltimore: Johns Hopkins University Press, 2004).
4. K. Akerman and T. Willing, "An Ancient Rock Painting of a Marsupial Lion, Thylacoleo carnifex, from the Kimberley, Western Australia," Antiquity 83 (2009): 319; K. Akerman, "Interaction between Humans and Megafauna Depicted in Australian Rock Art?" Antiquity, Project Gallery, vol. 83, no. 322 (2009).
5. A. Goswami, N. Milne, and S. Wroe, "Biting through Constraints: Cranial Morphology, Disparity and Convergence across Living and Fossil Carnivorous Mammals," Proceedings of the Royal Society B: Biological Sciences 278 (2011): 1831–1839.
6. R. T. Wells and A. Camens, "New Skeletal Material Sheds Light on the Palaeobiology of the Pleistocene Marsupial Carnivore, Thylacoleo carnifex," PLoS One E 13, no. 12 (2018): 0208020; D. Horton and R. Wright, "Cuts on Lancefield Bones: Carnivorous Thylacoleo, Not Humans, the Cause," Archaeology in Oceania 16, no. 2 (1981): 73–80.
7. S. Wroe, C. Argot, and C. Dickman, "On the Scarcity of Big Fierce Carnivores and Primacy of Isolation and Area: Tracking Large Mammalian Predator Diversity of Two Isolated Continents," Proceedings of the Royal Society B: Biological Sciences 217 (2002): 1203–1211.

第十一章　なぜオーストラリアの物語は長年にわたって見過ごされてきたのか？

1. B. Griffiths, " 'The Dawn' of Australian Archaeology: John Mulvaney at Fromm's Landing," Journal of Pacific Archaeology 8, no. 1 (2017): 100–111.
2. R. Hughes, The Fatal Shore (New York: Knopf, 1986), 84.
3. S. M. van Holst Pellekaan, "Genetic Research: What Does This Mean for Indigenous Australian Communities?" Journal of Australian Aboriginal Studies 1– 2 (2000): 65–75.
4. R. Pullein, "The Tasmanians and Their Stone Culture," Australasian Association for the Advancement of Science 19 (1928): 294–314; I. Davidson, "A Lecture by the Returning Chair of Australian Studies, Harvard University 2008–2009: Australian Archaeology as a Historical Science," Journal of Australian Studies 34, no. 3 (2010): 377–398, 388; Griffiths, " 'Dawn' of

Australian Archaeology."

5. G. Hamm, P. Mitchell, L. Arnold, et al., "Cultural Innovation and Megafauna Interaction in the Early Settlement of Arid Australia," Nature 539 (2016): 280–283.

## 第十二章　ディンゴの意義

1. M. Fillios and P. Taçon, "Who Let The Dogs In? A Review of the Recent Genetic Evidence for the Introduction of the Dingo to Australia and Implications for the Movement of People," Journal of Archaeological Science: Reports 7 (2016): 782–792; A. R. Boyko, R. H. Boyko, C. M. Boyko, et al., "Complex Population Structure in African Village Dogs and Its Implications for Inferring Dog Domestication History," Proceedings of the National Academy of Sciences 106 (2009): 13903–13908; L. Shannon, R. Boyko, M. Castelhanoc, et al., "Genetic Structure in Village Dogs Reveals a Central Asian Domestication Origin," Proceedings of the National Academy of Sciences 112, no. 44 (2015): 13639–13644.

2. A. Ardalan, M. Oskarsson, C. Natanaelsson, et al., "Narrow Genetic Basis for the Australian Dingo Confirmed through Analysis of Paternal Ancestry," Genetica 140 (2012): 65–73; P. Savolainen, T. Leitner, A. Wilton, et al., "A Detailed Picture of the Origin of the Australian Dingo, Obtained from the Study of Mitochondrial DNA," Proceedings of the National Academy of Sciences 101 (2004): 12387–12390; K. Cairns and A. Wilton, "New Insights on the History of Canids in Oceania Based on Mitochondrial and Nuclear Data," Genetica 144 (2016): 553–565.

3. J. McIntyre, L. Wolf, B. Sacks, et al., "A Population of Free-Living Highland Wild Dogs in Indonesian Papua," Australian Mammalogy 42, no. 2 (2019): 160–166.

4. S. Surbakti, H. Parker, J. McIntyre, et al., "New Guinea Highland Wild Dogs Are the Original New Guinea Singing Dogs," Proceedings of the National Academy of Sciences 117 (2020): 24369–24376.

5. B. Gammage, The Biggest Estate on Earth: How Aborigines Made Australia (Sydney: Allen & Unwin, 2011).

6. J. Boyce, "Canine Revolution: The Social and Environmental Impact of the Introduction of the Dog to Tasmania," Environmental History 11, no. 1 (2006): 102–129. Much of the discussion that follows is after J. Boyce, Van Dieman's Land, 2nd ed. (Melbourne: Black, 2010), and archival sources cited therein.

7. E. Matisoo-Smith, "The Human Colonisation of Polynesia. A Novel Approach: Genetic Analyses of the Polynesian Rat (Rattus exulans)," Journal of the Polynesian Society 103 (1994): 75–87.

8. L. Corbett, "The Conservation Status of the Dingo Canis lupus dingo in Australia, with Particular Reference to New South Wales: Threats to Pure Dingoes and Potential Solutions," in C. Dickman and D. Lunney, eds., The Dingo Dilemma: A Symposium on the Dingo (Sydney: Royal Zoological Society of New South Wales, 2001), 10–19; L. Shannon, R. Boyko, M. Castelhanoc, et al., "Genetic Structure in Village Dogs Reveals a Central Asian Domestication Origin," Proceedings of the National Academy of Sciences 112, no. 44 (2015): 13639–13644.

9. S. Zhang, G-D. Wang, M. Pengcheng, et al., "Genomic Re-

gions under Selection in the Feralization of the Dingoes," Nature Communications 11 (2020): 671.
10. B. Sacks, A. Brown, D. Stephens, et al., "Y Chromosome Analysis of Dingoes and Southeast Asian Village Dogs Suggests a Neolithic Continental Expansion from Southeast Asia Followed by Multiple Austronesian Dispersals," Molecular Biology and Evolution 30, no. 5 (2013): 1103–1118; K. Cairns, S. Brown, B. Sacks, and J. Ballard, "Conservation Implications for Dingoes from the Maternal and Paternal Genome: Multiple Populations, Dog Introgression, and Demography," Ecology and Evolution 7 (2017): 9787–9807.
11. シップマンのレビューを参照。 "What Does the Dingo Say about Dog Domestication?" Anatomical Record 304 (2021): 19–30.

## 第十三章　どのように侵入したのか

1. J. Balme, S. O'Connor, and S. Fallon, "New Dates on Dingo Bones from Madura Cave Provide Oldest Firm Evidence for Arrival of the Species in Australia," Nature Scientific Reports 8 (2018): 9933–9939; K. Gollan, "The Australian Dingo: In the Shadow of Man," in M. Archer and G. Clayton, eds., Vertebrate Zoogeography and Evolution in Australasia (Perth: Hesperian Press, 1984), 921–927; G. Saunders, B. Coman, J. Kinnear, and M. Braysher, Managing Vertebrate Pests: Foxes (Canberra: Australian Government Publishing Service, 1995); I. Abbott, "The Spread of the Cat, Felis catus, in Australia: Re-examination of the Current Conceptual Model with Additional Animals," Conservation Science Western Australia 7, no. 1 (2008): 1–17.
2. A. Elledge, L. Allen, B-L. Carlsson, et al., "An Evaluation of Genetic Analyses, Skull Morphology and Visual Appearance for Assessing Dingo Purity: Implications for Dingo Conservation," Wildlife Research 35 (2008): 812–820; W. Parr, L. Wilson, S. Wroe, et al., "Cranial Shape and the Modularity of Hybridization in Dingoes and Dogs: Hybridization Does Not Spell the End for Native Morphology," Evolutionary Biology 43, no. 2 (2016): 171–187; A. Wilton, "DNA Methods of Assessing Australian Dingo Purity," in C. R. Dickman and D. Lunney, eds., A Symposium on the Australian Dingo (Sydney: Royal Zoological Society of New South Wales, 2017), 49–55; A. N. Wilton, D. J. Steward, and K. Zafaris, ""Microsatellite Variation in the Australian Dingo," Journal of Heredity 90 (1999): 108–111; A. Ardalan, M. Oskarsson, C. Natanaelsson, et al., "Narrow Genetic Basis for the Australian Dingo Confirmed through Analysis of Paternal Ancestry," Genetica 140 (2012): 65–73; K. Cairns and A. Wilton, "New Insights on the History of Canids in Oceania Based on Mitochondrial and Nuclear Data," Genetica 144 (2016): 553–565.
3. S. Surbakti, H. Parker, J. McIntyre, et al., "New Guinea Highland Wild Dogs Are the Original New Guinea Singing Dogs," Proceedings of the National Academy of Sciences 117, no. 39 (2020): 24369–24376; Ardalan et al., "Narrow Genetic Basis for the Australian Dingo."
4. D. Rose, Dingo Makes Us Human (New York: Cambridge University Press, 1992), 176–177.
5. B. Allen, "Do Desert Dingoes Drink Daily? Visitation Rates

at Remote Waterpoints in the Strzelecki Desert," Australian Mammalogy 34, no. 2 (2011): 251–256; C. Hicks, "The Australian Aboriginal: A Study in Comparative Physiology," Schweizerische Medizinische Wochenschrift 71, no. 12 (1941): 385–388.

6. J. Balme and S. O'Connor, "Dingoes and Aboriginal Social Organization in Holocene Australia," Journal of Archaeological Science: Reports 7 (2016): 775–781.

7. R. A. Breckwold, A Very Elegant Animal: The Dingo (North Ryde, NSW: Angus & Robertson, 1988); Rose, Dingo Makes Us Human, 176–177.

8. 先住民諸部族の思考におけるディンゴの役割の二元性については、以下の文献で広く議論されている。M. Parker, "Bringing the Dingo Home: Discursive Representations of the Dingo by Aboriginal, Colonial, and Contemporary Australians" (B.A. honors thesis, University of Tasmania, 2006); F. Clark and I. Cahir, "The Historic Importance of the Dingo in Aboriginal Society in Victoria (Australia): A Reconsideration of the Archival Record," Anthrozoös 26, no. 2 (2013): 185–198, 193.

9. R. Gunn, R. Whear, and L. Douglas, "A Dingo Burial from the Arnhem Land Plateau," Australian Archaeology 71 (2010): 11–16.

10. Gunn et al., "A Dingo Burial," 12 (remark by Jacob Nayinggul, Kunwinggu elder, pers. comm. to Gunn, 1992).

11. G. Chaloupka, Journey in Time: The World's Longest Continuing Art Tradition (Chatswood, NSW: Reed, 1993); R. Gunn, R. Whear, and L. Douglas, "A Second Recent Canine Burial from the Arnhem Land Plateau," Australian Archaeology 71 (2010): 103–105; E. Kolig, "Aboriginal Man's Best Foe," Mankind 9, no. 2 (1973): 122–123; B. Griffiths, " 'The Dawn' of Australian Archaeology: John Mulvaney at Fromm's Landing," Journal of Pacific Archaeology 8, no. 1 (2017): 100–111.

12. Parker, "Bringing the Dingo Home" ; M. Fillios and P. Taçon, "Who Let the Dogs In? A Review of the Recent Genetic Evidence for the Introduction of the Dingo to Australia and Implications for the Movement of People," Journal of Archaeological Science: Reports 7 (2016): 782–792.

13. Breckwold, A Very Elegant Animal.

14. See, e.g., P. Veth, N. Stern, J. McDonald, et al., "The Role of Information Exchange in the Colonization of Sahul," in R. Whallon, W. Lovis, and R. Hitchcock, eds., Information and Its Role in Hunter-Gatherer Bands (Los Angeles: Cotsen Institute of Archaeology Press, 2011), 203–220.

15. J. Balme, I. Davidson, J. McDonald, et al., "Symbolic Behaviour and the Peopling of the Southern Arc Route to Australia," Quaternary International 202 (2009): 59–68.

16. P. Nunn and N. Reid, "Aboriginal Memories of Inundation of the Australian Coast Dating from More than 7000 Years Ago," Australian Geographer 47, no. 1 (2015): 1–37.

17. B. Pascoe, Dark Emu: Aboriginal Australia and the Birth of Agriculture (London: Scribe Publications, 2018).

18. P. Savolainen, P. Milheim, and P. Thompson, "Relative Antiquity of Human Occupation and Extinct Fauna at Madura Cave, Southeastern Western Australia," Mankind 10, no. 3 (1976): 175–180; J. Balme, S. O'Connor, and S. Fallon, "New Dates on Dingo Bones from Madura Cave Provide Oldest Firm Evidence for Arrival of the Species in Australia," Scientific Re-

ports 8 (2018): 9933–9939.

19. M. Letnic, M. Fillios, and M. S. Crowther, “The Arrival and Impacts of the Dingo,” in A. Glen and C. Dickman, eds., Carnivores of Australia: Past, Present, and Future (Clayton, Victoria: CSIRO Publishing, 2014), 53–68.

20. M. Letnic, M. Fillios, and M. S. Crowther, “Could Direct Killing by Larger Dingoes Have Caused the Extinction of the Thylacine Thylacine from Mainland Australia?” PLoS One 7, no. 1 (2012): 34877–34882; M. Fillios, M. Crowther, and M. Letnic, “The Impact of the Dingo on the Thylacine in Holocene Australia,” World Archaeology 44, no. 1 (2018): 118–134.

21. L. Koungolous and M. Fillios, “Hunting Dogs Down Under? On the Aboriginal Use of Tame Dingoes in Dietary Game Acquisition and Its Relevance to Australian Prehistory,” Journal of Anthropological Archaeology 58 (2020): 101146.

22. A. Pope, C. Grigg, S. Cairns, et al., “Trends in the Numbers of Red Kangaroos and Emus on Either Side of the South Australian Dingo Fence: Evidence for Predator Regulation?” Wildlife Research 27 (2000): 269–276; A. Glen, C. R. Dickman, R. E. Soulé, and B. Mackey, “Evaluating the Role of the Dingo as a Trophic Regulator in Australian Ecosystems,” Austral Ecology 32, no. 5 (2007): 492–501.

23. C. Johnson, J. Isaac, and D. Fisher, “Rarity of a Top Predator Triggers Continent-Wide Collapse of Mammal Prey: Dingoes and Marsupials in Australia,” Proceedings of the Royal Society B: Biological Sciences 274 (2007): 341–346; M. Letnic, E. Ritchie, and C. Dickman, “Top Predators as Biodiversity Regulators: The Dingo Canis lupus dingo as a Case Study,” Biological Reviews 87 (2012): 390–413.

### 第十四章　もう一つの物語

1. V. Pitulko, P. Nikolsky, E. Girya, et al., “The Yana RHS Site: Humans in the Arctic before the Last Glacial Maximum,” Science 303, no. 5654 (2004): 52–56.

2. A. Stone, “Human Lineages in the Far North,” Nature 570 (2019): 170–172.

3. D. Meltzer, D. Grayson, G. Ardilla, et al., “On the Pleistocene Antiquity of Monte Verde, Southern Chile,” American Antiquity 62, no. 4 (1997): 659–663, 662.

4. T. Dillehay, Monte Verde: A Late Pleistocene Site in Chile, vol. 2 (Washington, DC: Smithsonian Institution Press, 1997).

5. J. Erlandson, “After Clovis-First Collapsed: Reimagining the Peopling of the Americas,” in K. Graf, C. Ketron, and M. Waters, eds., PaleoAmerican Odyssey (College Station: Texas A&M University Press, Center for the Study of the First Americans, 2013), 127–132, 127.

6. R. Tamm, M. Reidla, M. Metspalu, et al., “Beringian Standstill and Spread of Native American Founders,” PLoS One 2, no. 9 (2007): e829; B. Potter, J. Irish, J. Reuther, J., et al., “Terminal Pleistocene Child Cremation and Residential Structure from Eastern Beringia,” Science 331 (2011): 1058–1062.

7. J. V. Moreno-Mayar, B. Potter, V. Lasse Vinner, et al., “Terminal Pleistocene Alaskan Genome Reveals First Founding Population of Native Americans,” Nature 553 (2018): 203–208; J. Tackney, B. Potter, J. Raff, et al., “Two Contemporaneous Mitogenomes from Terminal Pleistocene Burials in Eastern

Beringia," Proceedings of the National Academy of Sciences 112, no. 45 (2015): 13833–13838.

8. A. Bergström, L. Frantz, R. Schmidt, et al., "Origins and Genetic Legacy of Prehistoric Dogs," Science 370 (2020): 557–564.

9. G. Perry, N. Dominy, K. Claw, et al., "Diet and the Evolution of Human Amylase Gene Copy Number Variation," Nature Genetics 39 (2007): 1256–1260.

第十五章　北へ向けて

1. The discussion following relies heavily on information reported in R. V. Losey, S. Garvie-Lok, M. Germonpré, et al., "Canids as Persons: Early Neolithic Dog and Wolf Burials, Cis-Baikal, Siberia," Journal of Anthropological Archaeology 30 (2011): 174–189; R. Losey, S. Garvie-Lok, J. A. Leonard, et al., "Burying Dogs in Ancient Cis-Baikal, Siberia: Temporal Trends and Relationships with Human Diet and Subsistence Practices," PLoS One 8, no. 5 (2013): e63740; R. Losey, T. Nomokonova, L. Fleming, et al., "Buried, Eaten, Sacrificed: Archaeological Dog Remains from Trans-Baikal, Siberia," Archaeological Research in Asia 16 (2018): 58–65.

2. V. I. Bazaliiskiy and N. A. Savelyev, "The Wolf of Baikal: the 'Lokomotiv' Early Neolithic Cemetery in Siberia (Russia)," Antiquity 77 (2003): 20–30.

3. I. Paulsen, "The Preservation of Animal-Bones in the Hunting Rites of Some North-Eurasian people," in V. Dioszegi, ed., Popular Beliefs and Folklore Traditions in Siberia (The Hague: Mouton and Co., 1968), 448–451; Bazaliiskiy and Savelyev, "Wolf of Baikal" ; A. W. Weber, "The Neolithic and Early Bronze Age of the Lake Baikal Region, Siberia: A Review of Recent Research," Journal of World Prehistory 9, no. 1 (1995): 99–165; A. Perri, "A Typology of Dog Deposition in Archaeological Contexts," in P. Rowley-Conwy, P. Halstead, and D. Serjeantson, eds., Economic Zooarchaeology: Studies in Hunting, Herding and Early Agriculture (Oxford: Oxbow Books, 2017), chap. 11.

4. V. Pitulko, V. Ivanova, A. Kasparov, and E. Pavlova, "Reconstructing Prey Selection, Hunting Strategy and Seasonality of the Early Holocene Frozen Site in the Siberian High Arctic: A Case Study on the Zhokhov Site Faunal Remains, De Long Islands," Environmental Archaeology 20, no. 2 (2015): 120–157.

5. A. Bergström, L. Frantz, R. Schmidt, et al., "Genetics and Origin of Prehistoric Dogs," Science 370, no. 6516 (2020): 557–564.

6. L. Loog, O. Thalmann, M.-H. Sinding, et al., "Modern Wolves Trace Their Origin to a Late Pleistocene Expansion from Beringia," Molecular Ecology 29, no. 9 (2020): 1596–1610.

7. C. Ameen, T. Feuerborn, S. Brown, et al., "Specialized Sledge Dogs Accompanied Inuit Dispersal across the North American Arctic," Proceedings of the Royal Society B: Biological Sciences 286, no. 1916 (2019), https://doi.org/10.1098/rspb.2019.1929.

8. M. Ní Leathlobhair, A. Perri, E. Irving-Pease, et al., "The Evolutionary History of Dogs in the Americas," Science 361 (2018): 81–85.

9. J. Leonard, R. Wayne, J. Wheeler, et al., "Ancient DNA Evi-

dence for Old World Origin of New World Dogs," Science 289 (2002): 1613–1616.

10. A. Perri, T. Feuerborn, L. Frantz, et al., "Dog Domestication and the Dual Dispersal of People and Dogs into the Americas," Proceedings of the National Academy of Sciences 118 (2021): 201003118.

第十六章　地球の果てまで

1. F. Perini, C. Russo, and C. Schrago, "The Evolution of South American Endemic Canids: A History of Rapid Diversification and Morphological Parallelism," Journal of Evolutionary Biology 23 (2010): 311–332; P. Stahl, "Early Dogs and Endemic South American Canids of the Spanish Main," Journal of Anthropological Research 69 (2013): 515–533.

2. D. Kleiman, "Social Behavior of the Maned Wolf (Chrysocyon brachyurus) and Bush Dog (Speothos venaticus): A Study in Contrast," Journal of Mammalogy 53, no. 4 (1972): 791–806; A. Berta, "Cerdocyon thous," Mammalian Species, no. 186 (1982): 1–4; B. de Mello Beisiegel and G. Zuercher, "Speothos venaticus," Mammalian Species, no. 783 (2005): 1–6.

3. G. Slater, O. Thalmann, J. Leonard, et al., "Evolutionary History of the Falklands Wolf," Current Biology 19, no. 20 (2009): R937–R938.

4. C. Posth, N. Nakatsuka, I. Lazaridis, et al., "Reconstructing the Deep Population History of Central and South America," Cell 175 (2018): 1185–1197; M. Raghavan, M. Steinrücken, K. Harris, et al., "Genomic Evidence for the Pleistocene and Recent Population History of Native Americans," Science 349 (2015): 1185–1197; P. Skoglund, S. Mallick, M. Bortolini, et al., "Genetic Evidence for Two Founding Populations of the Americas," Nature 525 (2015): 104–108.

5. F. Vander Velden, "Narrating the First Dogs: Canine Agency in the First Contacts with Indigenous Peoples in the Brazilian Amazon," Anthrozoös 30, no. 4 (2017): 533–548.

6. Vander Velden, "Narrating the First Dogs."

7. J. Koster and K. Tankersley, "Heterogeneity of Hunting Ability and Nutritional Status among Domestic Dogs in Lowland Nicaragua," Proceedings of the National Academy of Sciences 109, no. 8 (2012): E463–E470; J. Koster, "Hunting Dogs in the Lowland Neotropics," Journal of Anthropological Research 65 (2009): 575–610.

8. C. Wynne, Dog Is Love: Why and How Your Dog Loves You (New York: Houghton Mifflin Harcourt, 2019); B. vonHoldt, J. Pollinger, K. Lohmuelle, et al., "Genome-wide SNP and Haplotype Analyses Reveal a Rich History Underlying Dog Domestication," Nature 464 (2010): 898–903.

# 訳者あとがき

本書は、動物考古学者パット・シップマンの著書のうち、訳者が訳した四冊目の著作である。別に訳者はシップマン女史の専門翻訳家ではないから、四冊目というのは、それだけ著作物が多い証左だろう。旺盛な筆力には、畏れ入るばかりだ。

本書は、そのうちの最も新しい『ヒトとイヌがネアンデルタール人を絶滅させた（原題：『The Invaders: How Humans and Their Dogs Drove Neanderthals to Extinction』）』（原書房、二〇一五年）の改訂版の趣がある。

『ヒトと……』の本で、当時は三万年前頃まで生き残っていたと考えられたヨーロッパの先住民であるネアンデルタール人が、三万数千年前にヨーロッパに出現した現生人類ホモ・サピエンスの登場で絶滅に追いやられたとし、本書でも記述されているジェルモンプレ研究のゴイェ洞窟発掘のオオカミ・イヌの年代とほぼ符合することから、現生人類の家畜化したイヌの助けで、彼らがネアンデルタール人より狩りで優位に立ち、ネアンデルタール人は絶滅に追いやられた、と大胆な仮説を展開した。

ネアンデルタール人、現生人類、イヌの三題を絡ませたかなり興味深い仮説だが、皮肉なことにこの原著が刊行された二〇一五年の直前に、その前提が大きく崩れた。

二〇一四年に発表した論文で、ケンブリッジ大学のトマス・ハイラムらは、全欧のネアンデルタール人関連のムステリアン遺跡四〇個所、一九六点の遺物を、汚染を除去したうえで最新式の加速器質量分析器で放射性炭素年代を測定し、ムステリアン文化は全欧で四万年前頃に終止符を打った、と結論付けた。またこれまで最後のネアンデルタール人と関連付けられてきた後続の「移行的」文化であるシャテルペロニアン文化も、ほぼ同時期に終わったとしている。

一方でウルチアン文化と関連する最古の解剖学的現代人遺跡で得られているデータと比較し、ハイラムらは両集団の確かな年代的重なりは、地域によって異なるものの二六〇〇年〜五四〇〇年程度と弾き出した。従来観の一万五〇〇〇年程度より大幅に小さくなっている。

つまり現生人類はゴイェ洞窟のオオカミ・イヌ出現よりもはるかに早くにヨーロッパに現れ、そのたった数千年後にはネアンデルタール人は絶滅したのだ。シップマンのシナリオは、成り立ちがたくなったと言える。

ちなみにゴイェ洞窟、その他で見つかっているオオカミ・イヌについては、著者も認めているように、現生のイヌにはつながらないことが一般的見解になっている。オオカミ・イヌは、失敗に終わった旧石器人の一つの実験だったようだ。

では、現生のイヌの起源は、どこにあるのだろうか。著者シップマンは、世界中の化石や分子のデータを渉猟し、今のところ化石ではヨーロッパの一万四〇〇〇年前頃、分子では遡っても一万五〇〇〇年前頃かそれより古い程度と結論づけている。

ただ起源地は、従来考えられていたヨーロッパよりもアジアの方が古そうだ、と考える。ただアジアと別にヨーロッパでも、独自にハイイロオオカミを家畜化する独自の試みもあった可能性はある。

じれったい思いは、イヌの化石の最古の例が、アジアでは日本の縄文早期の九〇〇〇年前頃で、大陸ではもっと新しくならないと現れないことだ。

これから見つかるのかもしれないが、ヨーロッパと比べてアジアでは一般的に骨の保存性に劣るので、なかなか難しいかもしれない。

著者の一つの関心が、オーストラリアの「野生犬」ディンゴに向けられている。

ディンゴの起源も、現在のところは不明だ。遺骸ではオーストラリア南部乾燥地のマドゥラ洞窟の三二五〇年前頃が最古のものであり、これまでこれより古い例は見つかっていない。一方で分子で推定される年代はこれより古く一万八三〇〇年前〜五〇〇〇年前だが、ディンゴの祖先がオーストラリアだった証拠にはならない。

分子の証拠からディンゴが、ニューギニア・シンギング・ドッグ、すなわちニューギニアハイランド・ワイルド・ドッグと極めて近縁であるのは明らかだ。ニューギニア・シンギング・ドッグとの共通祖先から別れた後にディンゴがオーストラリアに渡ってきたとすると、その時は、ニューギニア島はオーストラリア大陸から分離していたので、ディンゴの祖先は海を渡らなければならなかった。

ただ断定できることは、著者の言う「最初のオーストラリア人」がアジアから大オーストラリア大陸（サフル大陸）に初めて足を踏み入れた時（六万五〇〇〇年前頃）よりも、ディンゴの渡来ははるか後になったことだ。オーストラリアへは前記のように海を渡る必要があるので、ディンゴが人間に連れられて来たのは間違いないが、彼らを連れてきた集団は謎のままだ。

このオーストラリアの例が端的に示すように（「最初のオーストラリア人」がイヌを連れていなかったのは、年代的に確実だ）、イヌは必ずしも旧石器人の必須の「道具」ではなかった。

そのことは、氷河時代末に北米大平原に初めて姿を現した「最初のアメリカ人（パレオインディアン）」でも同様だ。北米から南米最南端のフエゴ洞窟まで足跡を残したクロヴィス人が、各地で大量の有樋尖頭器とマンモス骨などを残したのに、イヌの化石を一個所も残していないことから、彼らはイヌ抜きで大型獣狩猟を行っていた蓋然性が高い。

つまり旧石器人にとって、動物狩猟に必ずしもイヌは必須ではなかった。ヨーロッパの早期現生人類でも、同じだった。イヌが、旧石器人の狩りのパートナーとなったのは、ずっと後のことなのである。しかし、著者も述べているように、イヌを狩りに動員できたのは、旧石器人にとって大きなメリットがあったのは間違いない。何と言っても、イヌは人間よりも走力、持久力、俊敏さ、嗅覚、聴覚が優れているからだ。開拓期のタスマニアのカンガルー狩猟は、イヌが威力を発揮したのはその好例で、そのためにタスマニア先住民と深刻な紛争が生じた。

最後に南米の項で触れられている、ダーウィンがフォークランド諸島で観察し、島に移民が増えていけば遠からず絶滅するだろうと予言し、実際そのとおりになったフォークランドオオカミについて触れておく。著者は、フォークランドオオカミは氷河期に海面低下し、南米大陸からの距離が縮まったフォークランド諸島に自力で渡ったと述べているが、イヌ科動物がどうやって海を渡れたのだろうか。ホッキョクグマはもとよりその姉妹群であるヒグマ（クマ科）、ゾウ（ゾウ科）、トラ（ネコ科）は泳ぎが得意で、時には海を渡る。しかしイヌ科が泳げることは、寡聞にして知らない。だから多くの研究者は、流氷に乗ってフォークランド諸島に流れ着いたと考えている。しかし番《つが》いが、たまたま流氷に乗って、運良く島に漂着したとは考えにくい。

最近、フォークランドの野生動物の骨の集積地と近辺で石器が見つかっていることが報告された。骨の集積も、人間が食べた食物の残滓の可能性が高い。

石器の存在は、白人到来以前にフォークランドに人間がいたことを示す。

ここから、フォークランドオオカミは人間に連れられて島に来た可能性が浮かび上がった。ダーウィンが観察したように、フォークランドオオカミは人なつこかった。

フォークランドオオカミを舟に乗せて連れてきたとしたら、その集団は南米最南端フエゴ島に棲んだヤーガン族だった可能性が高い。おそらく数千年前、海洋狩猟民のヤーガン族は、手懐けたフォークランドオオカミをフォークランドに連れてきて、その後、獲物のオタリアとイワトビペンギンを獲り尽くすと、フォークランドオオカミを放置して島を去ったのだろう。残されたフォークランドオオカミは、生き延びたイワトビペンギンなどを狩って、細々と生き延びたのかもしれない。

もしフォークランドオオカミも人間のパートナーだったとすれば、ハイイロオオカミの他に、もう一種、人間に家畜化の試みられた例だったことになる。

ロシアのシベリアで、ギンギツネ、アカギツネを六〇年近くも累代飼育し、人に慣れた個体だけを選抜育種して、ついに性質も形態もイヌに似たキツネを創り出したリュドミラ・トラトゥさんの生涯を投じた研究成果もある。

イヌ科動物は、手間と時間をかければ「イヌ」化しやすいのかもしれない。だとするなら旧石器人が始めたハイイロオオカミの家畜化は、まさに的を射た試みであったと言えるだろう。

イヌが人類の最初の家畜となったのも、そんな事情があったのかもしれない。

終わりに、本書の翻訳をお誘いをいただき、その後は遅筆な訳者の仕上がりを辛抱強くお待ちになり、出来上がった訳稿は丁寧に読みかつ適切なご指摘を多々いただいた青土社編集部の篠原一平氏に、深甚な謝意を表します。

二〇二二年一一月二六日

# 索引

## か行

さ行

た行



な行

や行



ら行

イヌ 人類最初のパートナー
ハイイロオオカミからディンゴまで

2022年12月25日　第一刷印刷
2023年 1 月10日　第一刷発行

著　者　パット・シップマン
訳　者　河合信和

発行者　清水一人
発行所　青土社

〒101-0051　東京都千代田区神田神保町1-29　市瀬ビル
［電話］03-3291-9831（編集）　03-3294-7829（営業）
［振替］00190-7-192955

印刷・製本　ディグ
装丁　大倉真一郎

ISBN978-4-7917-7520-0　Printed in Japan